U0943116

转炉护炉实用技术

田志国　编著

北　京
冶　金　工　业　出　版　社
2012

内 容 提 要

本书共分 7 章，从护炉材质、转炉砌筑、冶炼护炉、护炉操作等方面精要地介绍了转炉护炉技术和操作。

本书适合广大转炉炼钢工程技术人员和转炉炼钢操作工人阅读，也可作为大专院校、职业技术院校的实习、实训教材。

图书在版编目(CIP)数据

转炉护炉实用技术/田志国编著. —北京：冶金工业出版社，2012. 4

ISBN 978-7-5024-5926-0

Ⅰ. ①转…　Ⅱ. ①田…　Ⅲ. ①转炉炼钢—护炉　Ⅳ. ①TF713

中国版本图书馆 CIP 数据核字(2012)第 052926 号

出 版 人　曹胜利

地　　址　北京北河沿大街嵩祝院北巷 39 号，邮编 100009

电　　话　(010)64027926　电子信箱　yjcbs@ cnmip. com. cn

责任编辑　刘小峰　常国平　美术编辑　李　新　版式设计　孙跃红

责任校对　李　娜　责任印制　张祺鑫

ISBN 978-7-5024-5926-0

北京百善印刷厂印刷；冶金工业出版社出版发行；各地新华书店经销

2012 年 4 月第 1 版，2012 年 4 月第 1 次印刷

148mm×210mm；5. 75 印张；149 千字；166 页

30. 00 元

冶金工业出版社投稿电话：(010)64027932　投稿信箱：tougao@cnmip. com. cn

冶金工业出版社发行部　电话：(010)64044283　传真：(010)64027893

冶金书店　地址：北京东四西大街 46 号(100010)　电话：(010)65289081(兼传真)

(本书如有印装质量问题，本社发行部负责退换)

前　言

转炉炼钢技术的发展已经有比较长的历史了。1856 年英国人亨利·贝塞麦（Henley Bessemer）开发了酸性底吹空气转炉炼钢法；1878 年英国人托马斯（S. G. Thomas）开发了碱性底吹空气转炉炼钢法；1940 年获得廉价氧气后，瑞士、奥地利开发了顶吹氧气转炉；1952 年在奥地利林茨（Linz）和多纳维茨城（Donawitz）建成第一座 30t 碱性顶吹氧气转炉（LD 转炉），又称为 BOF（Basic Oxygen Furnace）。随着转炉配套技术的不断发展，转炉炼钢技术日趋成熟并不断取得新的突破。特别是 20 世纪 90 年代中后期长寿复吹转炉技术的成功开发，对炼钢生产技术的发展产生了深刻的影响，不仅降低了转炉炼钢的生产成本，提高了转炉作业率，而且改变了转炉的操作制度，使我国炼钢厂均不再采用“三吹二”或“二吹一”的生产模式，实现了“三吹三”的生产模式，充分发挥了每个转炉的生产效率。我国粗钢产量从 1996 年的 1 亿吨增加到 2011 年的 6.83 亿吨，约占全世界钢产量的 70%，其生产技术的发展令全世界瞩目。

转炉从开新炉到停炉，整个炉役期间炼钢的总炉数称为炉衬寿命，简称炉龄，它是炼钢生产的一项重要技术经济指标。炉龄，特别是平均炉龄在很大程度上反映出炼钢车间的管理水平和技术水平。

转炉炉衬在高温、高氧化性的工作条件下，通常以 0.2 ~ 0.8mm/炉的速度被侵蚀。为保证转炉正常生产和提高炉衬寿命，如采用焦油白云石砖、轻烧油浸白云石砖，贴补、喷补、摇炉挂渣等措施，使炉龄提高到1000炉以上。进入20世纪80年代，转炉普遍采用镁碳砖综合砌炉，使用活性石灰造渣，改进操作，采用挂渣、喷补相结合的护炉方法，使转炉炉龄又有明显提高。1991年，美国LTV公司的转炉厂采用溅渣护炉工艺作为全面护炉的一部分。1994年9月，该厂232t顶吹转炉的炉衬寿命达到15658炉，喷补料消耗降到0.38kg/t钢，喷补料成本节省66%，转炉作业率由1984年的78%提高到1994年的97%。我国从1994年开始转炉溅渣护炉试验，发展速度很快，取得了明显的效果。如某炼钢厂转炉1977～1983年间炉龄徘徊在300～500炉水平，1986年大规模使用镁碳砖后，转炉炉龄逐年提高，1995年的转炉平均炉龄为3347炉。1996年开始，溅渣护炉技术在我国成功开发应用，氧气转炉炉龄有了突破性的提高，如武钢1999年转炉炉龄达到了15208炉。进入21世纪后，武钢、湘钢、济钢等钢厂转炉炉龄纷纷突破了30000炉大关。

炉龄延长可以增加钢产量和降低耐火材料消耗，但是不能盲目追求最高炉龄，真正值得关注的应是在转炉生产安全、顺行、高效基础上的最佳炉龄。对于一定的生产条件和技术水平的车间，存在着一个技术经济效益最好的最佳炉龄。因此，应该努力改善生产条件和提高技术水平，将最佳炉龄不断提高到新的水平。

目前，我国年产钢在6亿吨以上，转炉护炉的任务很艰巨。为了把转炉生产和护炉工作做得更好，在总结以往历史经验教训的基础上，特编写了《转炉护炉实用技术》一书，希望能够和所有转炉炼钢技术人员、操作人员一起交流、探讨与创新。

本书在编写过程中得到了湖南华菱湘潭钢铁有限公司副总经理张爱兵、唐卫红和副总工程师丁金虎等领导的大力支持和指导，并由他们进行了修改、审定。本书第1～4章由史志凌、张军、冯宇等协助编写。借此，向他们表示崇高的敬意和诚挚的谢意。本书在出版过程中得到了汤伟、陈佩英、刘小峰等师友支持，在此特别致谢。

由于编者水平所限，加之编写时间仓促，书中不当之处，敬请读者批评指正。

田志国

2012年3月于湘钢

目　录

耐火材料与转炉炉衬

＊＊＊＊＊＊＊＊＊＊＊＊＊＊＊＊＊＊＊＊＊＊＊＊＊＊＊＊＊＊

1.1 耐火材料的种类和性能

1.1.1 耐火材料的定义和分类

凡具有抵抗高温以及在高温下产生物理化学作用的材料统称为耐火材料。耐火材料的分类方法如下：

（1）按耐火度分类：

1）普通耐火材料，耐火度为1580～1770℃；

2）高级耐火材料，耐火度为1770～2000℃；

3）特级耐火材料，耐火度大于2000℃。

（2）根据化学矿物组成分类：

1）氧化硅质耐火材料；

2）硅酸铝质耐火材料；

3）氧化镁质耐火材料；

4）铬质耐火材料；

5）碳质耐火材料；

6）其他高耐火度制品。

（3）根据耐火材料的化学性质分类：

1）酸性耐火材料；

2）碱性耐火材料；

3）中性耐火材料。

1.1.2 耐火材料的主要性能

耐火材料的基本特性可以通过它的物理性能和高温使用性能来表示。

1.1.2.1 耐火材料的物理性能

耐火材料的物理性能主要包括气孔率、体积密度、真比重、吸水率、透气性、耐压强度、热膨胀性等。这些物理性能的好坏，直接影响着耐火材料的使用性能，具体介绍如下：

（1）气孔率。在耐火制品内，有许多大小不同、形状不一的气孔。和大气相通的气孔称为开口气孔；贯穿耐火制品的气孔称为连通气孔；不和大气相通的气孔称为闭口气孔。气孔率是指耐火材料制品的所有气孔体积占该耐火材料制品的体积分数。

（2）体积密度（容重）。体积密度是指包括全部气孔在内的 $1m^3$ 砖块体积的质量。

（3）真比重。真比重是指不包括气孔在内的单位体积砖块质量与4℃水的单位体积质量之比。

（4）吸水率。吸水率是原料中所有开口气孔所吸收的水的质量与砖块质量之比。

（5）热膨胀性。耐火制品受热膨胀、冷后收缩，这种变化属于可逆变化。耐火制品的热膨胀性能主要取决于其化学—矿物组成和所受的温度。耐火制品的热膨胀性可用线膨胀系数或体积膨胀系数来表示，也可用线膨胀率或体积膨胀率表示。

1.1.2.2 耐火材料的使用性能

耐火材料的使用性能主要包括耐火度、荷重软化温度、热稳定性、高温体积稳定性、抗渣性等。具体介绍如下：

（1）耐火度。耐火材料抵抗高温而不变形的性能称为耐火度。加热时，耐火材料中各种矿物组成之间会发生反应，并生成易熔的低熔点结合物而使之软化，故耐火度只是表征耐火材料软化到一定程度时的温度。但是耐火度并不能代表耐火材料的实际使用温度。因为在实际使用时，耐火材料承受一定的机械强度，所以实际使用温度比测定的耐火度低。

（2）荷重软化温度。耐火材料在常温下的耐压强度很高，但在高温下发生软化，耐压强度也就显著降低。一般用荷重软化温度来评定耐火材料的高温结构强度。

荷重软化温度就是耐火材料受压发生一定变形量时的温度。耐火材料的实际使用温度比荷重软化温度高。因为一方面耐火材料的实际荷重很少达 196kPa，另一方面，耐火材料在炉子中只是单面受热。

不同耐火材料在高温下的结构强度见表 1-1。由表 1-1 可以看出：氧化硅质耐火材料的荷重软化温度和耐火度接近，因此氧化硅质耐火材料的高温结构强度好。而黏土质耐火材料的荷重软化温度远比其耐火度低，这是黏土质耐火材料的一个缺点。氧化镁质耐火材料的耐火度虽然很高，但其高温结构强度同样很差，所以实际使用温度仍然低于其耐火度很多。当然，在没有荷重的情况下，其使用温度可以大大提高。

表 1-1　不同耐火材料在高温下的结构强度

耐火材料	荷重软化开始点温度 t_0/℃	荷重软化终止点温度 t_1/℃	耐火度 t_2/℃	t_2-t_0/℃
氧化硅质	1630	1670	1730	100
黏土质	1350	1600	1730	380
氧化镁质	1500	1550	2000	500

（3）热稳定性。耐火材料抵抗温度急剧变化而不破裂或剥落的能力称为耐火材料的热稳定性或耐急冷急热性。耐火材料的抵抗温度急变性能，除和它本身的物理性质（如膨胀性、导热性、孔隙度

等）有关外，还与制品的尺寸、形状有关。一般薄的、尺寸不大和形状简单的制品，比厚的、尺寸较大和形状复杂的制品有较好的耐急冷急热性。

（4）高温体积稳定性。耐火材料在高温下长期使用时体积发生不可逆变化，有些体积膨胀，称为残存膨胀，有些体积收缩，称为残存收缩。耐火材料体积膨胀或收缩的值占原尺寸的百分比，就表示其体积的稳定性。这一变化严重时往往会引起炉子的开裂和倒塌。因此，使用耐火材料时，对这个性能必须十分注意。

（5）抗渣性。耐火材料在高温下抵抗炉渣侵蚀的能力称为抗渣性。影响耐火材料抗渣性的主要因素有：

1）炉渣化学性质。炉渣按化学性质主要分为酸性渣和碱性渣。含酸性物质较多的耐火材料，对酸性炉渣的抵抗能力强，对碱性炉渣的抵抗能力差。反之，碱性耐火材料，如氧化镁质和白云石质耐火材料，对碱性渣的抵抗能力强，对酸性渣的抵抗能力差。

2）工作温度。温度在800～900℃时，炉渣对材料的侵蚀作用不大显著，但温度达到1200～1400℃以上时，材料的抗渣性就大大降低。

3）耐火材料的致密程度。提高耐火材料的致密度，降低它的气孔率，是提高耐火材料抗渣性的主要措施，可以在制砖过程中选择合适的颗粒配比和较高的成型压力。

1.2 转炉炉衬

1.2.1 转炉炉衬用耐火材料的演变

自氧气转炉问世以来，其炉衬的工作层都是用碱性耐火材料砌筑。曾经用过白云石质耐火材料，制成焦油结合砖，在高温条件下砖内的焦油受热分解，残留在砖体内的碳石墨化，形成碳素骨架。它可以支撑和固定白云石材料的颗粒，增强砖体的强度，同时还能填充耐火材料颗粒间的空隙，提高了砖体的抗渣性能。为了进一步提高炉衬砖的耐化学侵蚀性和高温强度，也曾使用过高镁白云石砖和轻烧油浸砖，炉衬寿命均有提高，炉龄一般为几百炉。直到20世纪70年代，兴起了以过烧或电熔镁砂和碳素材料为原料，用各种碳质结合剂制成的镁碳砖。

镁碳砖兼备了镁质和碳质耐火材料的优点，克服了传统碱性耐火材料的缺点，其性能如图1-1所示。镁碳砖的抗渣性强、导热性能好，避免了镁砂颗粒产生热裂；同时由于有结合剂固化后形成的碳网络，将氧化镁颗粒紧密牢固地连接在一起。用镁碳砖砌筑转炉炉衬，大幅度提高了炉衬使用寿命，再配合适当维护方式，炉衬寿命可达到万炉以上。

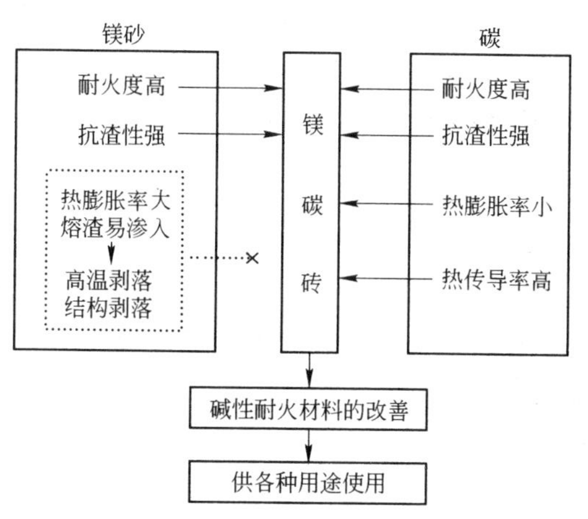

图1-1 镁碳砖性能

1.2.2 转炉炉衬用砖分类

转炉的炉衬是由绝热层、永久层和工作层组成。绝热层一般用石棉板或耐火纤维砌筑，现在有些转炉采用镁砂填充层代替；永久层是用焦油白云石砖或者低档镁碳砖砌筑；工作层都是用镁碳砖砌筑。转炉的工作层与高温钢水和熔渣直接接触，受高温熔渣的化学侵蚀，受钢水、熔渣和炉气的冲刷，还受到加废钢时的机械冲撞等，工作环境十分恶劣。在冶炼过程中由于各个部位工作条件不同，因而工作层各部位的蚀损情况也不一样。针对这一情况，视其损坏程度砌筑不同的耐火砖，容易损坏的部位砌筑高档镁碳砖，损坏较轻的部位可以砌筑中档或低档镁碳砖，这样整个炉衬的蚀损情况较为均匀，这就是所谓的综合砌炉。

1.2.2.1 转炉炉衬用砖情况

A 炉口部位

炉口部位温度变化剧烈，熔渣和高温炉气的冲刷比较厉害，在加料和清理残钢、残渣时，炉口受到撞击。因此用于炉口的耐火砖必须是具有较高的抗热震性和抗渣性，耐熔渣和高温炉气的冲刷，且不易粘钢，即便粘钢也易于清理的镁碳砖。

B 炉帽部位

炉帽部位是受熔渣侵蚀最严重的部位，同时还受温度急变的影响和含尘废气的冲刷，故应使用抗渣性强和抗热震性好的镁碳砖。此外，若炉帽部位不便砌筑绝热层时，可在永久层与炉壳钢板之间填筑镁砂树脂打结层。

C 炉衬的装料侧

炉衬的装料侧除受吹炼过程熔渣和钢水喷溅的冲刷、化学侵蚀外，还要受到装入废钢和兑入铁水时的直接撞击与冲蚀，给炉衬带来严重的机械性损伤，因此应砌筑具有高抗渣性、高强度、高抗热震性的镁碳砖。

D 炉衬出钢侧

炉衬出钢侧基本上不受装料时的机械冲撞损伤，热震影响也小，主要是受出钢时钢水的热冲击和冲刷作用，损坏速度低于装料侧。若与装料侧砌筑同样材质的镁碳砖时，其砌筑厚度可稍薄些。

E　渣线部位

渣线部位是在吹炼过程中，炉衬与熔渣长期接触受到严重侵蚀而形成的。在出钢侧，渣线的位置随出钢时间的长短而变化，大多情况下并不明显；但在排渣侧就不同了，受到熔渣的强烈侵蚀，再加上吹炼过程其他作用的共同影响，衬砖损毁较为严重，需要砌筑抗渣性能良好的镁碳砖。

F　两侧耳轴部位

两侧耳轴部位炉衬除受吹炼过程的蚀损外，其表面又无保护渣层覆盖，砖体中的碳素极易被氧化，并难于修补，因而损坏严重。所以，此部位应砌筑抗渣性能良好、抗氧化性能强的高级镁碳砖。

G　熔池和炉底部位

熔池和炉底部位炉衬在吹炼过程中受钢水强烈的冲蚀，但与其他部位相比损坏较轻。可以砌筑含碳量较低的镁碳砖，或者砌筑焦油白云石砖。若是采用顶底复合吹炼工艺时，炉底中心部位容易损毁，可以与装料侧砌筑相同材质的镁碳砖。

1.2.2.2　现代转炉炉衬用砖

现代转炉一般采取综合砌炉的方式,可以使炉衬蚀损均衡,提高转炉炉衬整体的使用寿命,有利于改善转炉的技术经济指标。图 1-2 所示

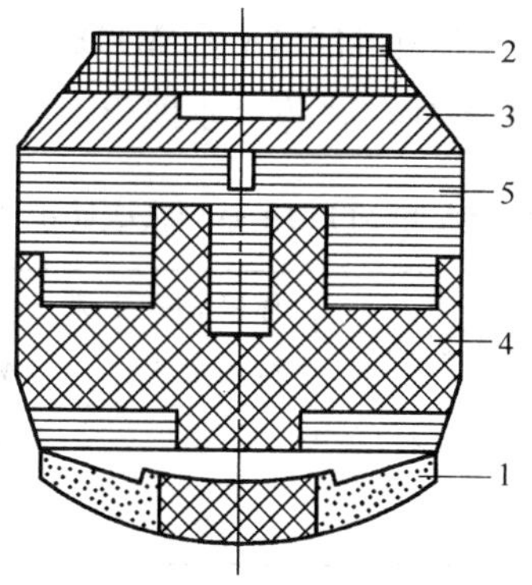

图 1-2　某转炉炉衬综合砌筑示意图

为某转炉炉衬综合砌筑示意图,表1-2列出了该转炉各部位的材质及性能。

表1-2 图1-2中转炉各部位的材质及性能

成分及性能 \ 材质编号		1	2	3	4①	5	供气砖①
化学成分/%	MgO	65.8	70.8	75.5	72.5	74.5	
	CaO	13.3	0.9	1.0	0.2	1.5	
	固定碳	19.2	14.2	20.2	20.2	20.5	25
体积密度/$g \cdot cm^{-3}$		2.82	2.86	2.84	2.87	2.85	2.88
显气孔率/%		4.7	3.7	3.7	3.0	3.0	1.0
抗折强度(1400℃)/MPa		4.8	4.4	12.9	15.2	14.6	17.7
回转抗渣试验蚀损指数(1700℃)		100	117	98	59	79	81

①使用了部分电熔镁砂为原料。

1.2.3 某厂转炉用耐火材料实例

某厂针对目前80t转炉的冶炼工艺条件，经过技术人员结合实际反复试验、论证，发现使用MT14A和MT18A系列镁碳砖效果比较好。MT18A和MT14A系列镁碳砖主要理化指标见表1-3。

表1-3 MT18A和MT14A系列镁碳砖主要理化指标

砖 型	MgO/%	C/%	显气孔率/%	体积密度/$g \cdot cm^{-3}$	常温耐压强度/MPa	高温抗折强度/MPa
MT18A	72	18	3	2.9	40	10
MT14A	76	14	4	2.9	40	12

根据以往炉役经验，炉身区特别是装料侧的炉衬砖受废钢冲击

以及钢渣的冲刷作用比较剧烈，往次炉役停炉检查时前大面侵蚀很严重，并发生过前大面穿钢停炉的事故。因此，前大面一般采用具有较高抗氧化性的镁碳砖，且前大面工作层厚度应增加100mm（表1-4、表1-5）。

表1-4 某厂80t转炉工作层砖型

材 质	型 号	部 位	层 数
MT14A	100×120×500	炉 底	1
MT14A	100×120×600	熔池	1~17
MT14A	100×120×700	炉身前大面	18~42
MT14A	100×120×600	炉身其他部位	18~42
MT18A	100×120×600	炉 帽	43~52
MT18A	100×120×600	炉 帽	53~62
MT18A	100×120×600	炉 口	63

表1-5 120t转炉工作层砖型

材 质	型 号	部 位	层 数
MT18A	124×141×694	炉 底	1
MT18A	114×150×698	炉 身	1~29
MT18A	114×150×795	炉 帽	30~52
MT18A	114×170×753	炉 帽	53~68
MT18A	114×150×546	炉 口	69~72

转炉的出钢口（图1-3）除了受高温钢水的冲刷外，还受温度急变的影响，蚀损严重，其使用寿命与炉衬砖不能同步，经常需要热修理或更换，影响冶炼时间。改用等静压成型的整体镁碳砖出钢口，由于是整体结构，更换方便得多，且材质改用镁碳砖，寿命得到大

幅度提高，但仍不能与炉衬寿命同步，只是更换次数减少而已。新砌转炉开新炉时，由于高温、高压的作用，出钢口有可能出现断裂现象，在冶炼时要特别注意。表1-6列出了出钢口用镁碳砖性能。

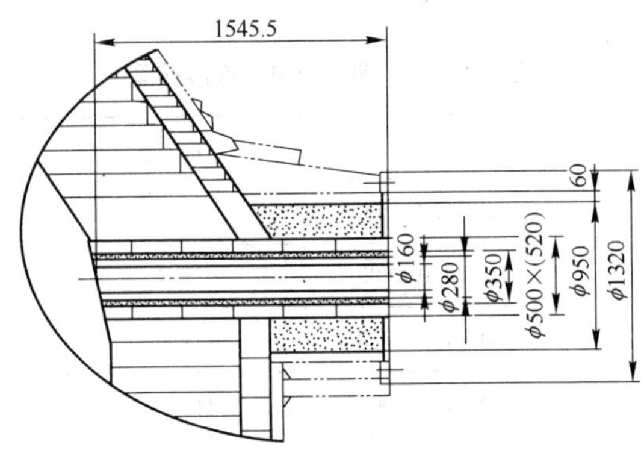

图1-3　120t转炉用出钢口砖示意图

表1-6　出钢口用镁碳砖性能

成分及性能 / 试样	化学成分/%		显气孔率/%	体积密度/g·cm^{-3}	常温耐压强度/MPa	常温抗折强度/MPa	抗折强度(1400℃)/MPa	加热1000℃后		加热1500℃后	
	MgO	固定碳						显气孔率/%	体积密度/g·cm^{-3}	显气孔率/%	体积密度/g·cm^{-3}
出钢口座砖	73.20	19.2	3.20	2.92	39.2	17.7	21.6	7.9	2.89	9.9	2.80
整体出钢口	76.83	12.9	5.03	2.93							

某厂转炉护炉用耐火材料的理化指标如下：

（1）出钢口喷补料理化指标要求（表1-7）。

表1-7　出钢口喷补料理化指标

项　目	MgO/%	SiO_2/%	耐压强度(110℃×24h)/MPa
指标值	≥81.0	≤7.0	≥25.0

(2) 镁质喷补料理化指标要求（表1-8）。

表1-8 镁质喷补料理化指标

项　目	MgO/%	SiO_2/%	耐压强度(1500℃×3h)/MPa
指标值	≥80.0	≤7.0	≥25.0

(3) 转炉修补料理化指标要求（表1-9）。

表1-9 转炉修补料理化指标

项　目	体积密度/g·cm^{-3}	MgO/%	SiO_2/%	固定碳/%
指标值	≥2.2	≥70.0	≤4.0	≥6.0

(4) 转炉出钢口填充料理化指标要求（表1-10）。

表1-10 转炉出钢口填充料理化指标

项　目	耐压强度/MPa	抗折强度/MPa	MgO/%	CaO/%	Fe_2O_3/%
指标值	≥3.50	≥2.0	≥65.0	≤10.0	≤7.0

(5) 转炉冷接缝料理化指标要求（表1-11）。

表1-11 转炉冷接缝料理化指标

项　目	MgO/%	固定碳/%	体积密度/g·cm^{-3}	耐压强度(110℃×24h)/MPa
指标值	≥70.0	≥8.0	≥2.3	≥20.0

(6) 转炉热补料理化指标要求（表1-12）。

表1-12 转炉热补料理化指标

项　目	耐压强度/MPa	体积密度/g·cm^{-3}	MgO/%	固定碳/%
指标值	≥11.0	≥2.35	≥80.0	9.0~12.0

转炉的砌筑

* *

2.1 转炉砌筑前的准备工作

2.1.1 砌筑前的条件确认

转炉砌筑前需要确认的条件如下：

(1) 确认砌筑方式。如湘钢现有转炉采用的砌筑方式为人工上砌法。

(2) 进场前，应向施工方提供施工现场必需的能源介质，用水、用电接点。

(3) 转炉炉壳检修完毕，经空负荷联动试车合格。炉壳内清除完各种杂物，已具备砌筑炉衬的条件。

(4) 厂房内天车满足动车条件，并能配合施工方施工。

(5) 应向施工方提供耐火材料的现场堆放场地，且转炉周围的上、下平台无障碍物，便于耐火材料的倒运、吊运、砌砖等。

2.1.2 砌筑前监装人员熟悉的资料

进行转炉砌筑前，监装人员必须熟悉以下资料：

(1)《中华人民共和国建筑法》；

(2)《工业炉砌筑质量检验评定标准》(GB 50309—1992)；

(3)《工业炉砌筑工程施工及验收规范》(GB 50211—2004)；

（4）根据工程设计提供的转炉炉型图；

（5）钢厂提供的转炉耐火材料的技术要求。

2.1.3 工程材料准备

转炉砌筑前需要准备的工程材料包括：

（1）根据图纸及时提出各种材料计划，所有材料必须具有合格证和相应复检报告，不合格者严禁使用。

（2）工程所需材料、机具设备等按计划落实，并根据施工进度和业主要求组织进场，以满足施工需要。

（3）材料进场后，根据施工现场总平面布置情况合理堆放，避免现场二次倒运；对特殊材料应设专人保管并采取相应的防护措施。

（4）施工方案所需材料和工具见表2-1（用量视具体情况而定）。

表2-1 施工方案所需材料和工具

序　号	材料名称	规　格	单　位	数　量	用　途
1	钢　管		m		脚手架
2	钢丝绳	ϕ8mm	m		
3	钢丝绳	ϕ13mm	m		
4	铝合金架梯	12m	架		
5	简易修炉塔	现场焊接	座		
6	工字钢		m		
7	角　钢		m		
8	氧气瓶		瓶		
9	乙炔瓶		瓶		
10	水平尺	$L=600$mm	把		检查
11	手磨机片		个		打平
12	带架碘钨灯	220V/1000W	副		照明
13	手提灯架		个		
14	单相闸刀	250V/15A	个		
15	三相闸刀	500V/30A	个		
16	其他电线、电缆、胶布、插头、插座、保险丝、铁钉等小五金类常耗物品，适量进行准备				

2.1.4 施工机具设备准备

转炉砌筑前，需要准备的施工机具设备包括：

(1) 施工前落实机具设备，并检查其性能，不合格的禁止使用。施工用主要机具设备见表2-2。

(2) 耐火材料（见转炉耐火材料合同或装箱清单，略）。

表2-2 施工用主要机具设备

序 号	名 称	型 号	单 位	备 注
1	手葫芦吊	3t	副	
2	直流电焊机	ZX-500	台	
3	切砖机	干 式	台	
4	手提磨砖机	进 口	台	
5	低压变压器	36kV · A/220V	台	
6	电动葫芦吊	3t	台	

2.1.5 临时施工的用电、用水

转炉砌筑前，对临时施工的用电、用水要求如下：

(1) 施工现场设置碘钨灯照明，并提供供电接点引入。现场应设两个配电箱，各分担两个区域（炉内、炉外）内的用电负荷（为安全起见，炉内必须引入两条照明线路）。

(2) 电线、电缆、配电箱、漏电保护器等设备均应符合国家规定的相关质量要求，保证用电安全。

(3) 提供电源容量应能够满足工程施工用电，施工用电总负荷一般为10kV · A。

(4) 用水源点就近接取。

2.1.6 施工场地布置

2.1.6.1 施工临时场地布置

转炉砌筑前，对施工临时场地的布置要求如下：

（1）施工用工棚等临时设施的摆放靠近施工现场，且摆放整齐。炉上及炉后搭建平台必须牢靠。

（2）材料堆放：

1）各类材料应合理安排进场计划，并且必须做好防水、防潮工作。

2）材料堆放场地见表2-3。

表2-3 材料堆放场地

序 号	设施名称	面积/m^2	用 途	位 置
1	材料堆场	200	材料堆放	一般在活动烟罩机构平台
2	现场库房	100	工具堆放	一般在炉后和活动烟罩平台

2.1.6.2 施工材料进出

转炉砌筑前，对施工材料进出要求有：

（1）施工材料工具进出道路的要求：

1）所有砌筑材料（砖和火泥）在施工前两周必须陆续到货，并安排在现场指定的堆放场地暂存。

2）叉车负责搬运砖箱至施工平台，卷扬机负责将每箱砖和火泥按安装顺序逐一运至施工地点，人工解箱，炉内使用施工吊盘架施工。

（2）要使现场施工按计划有条不紊地进行，施工现场总平面的使用必须根据进度计划安排耐火材料的摆放顺序，严格实行动态管理。

2.2 转炉砌筑工艺要求

砌筑炉型为顶底复合吹炼转炉，其炉型的主要几何尺寸参数见表2-4(80t转炉底部有4块透气砖,120t转炉底部有8块透气砖)。80t转炉炉底透气砖示意图如图2-1所示；120t转炉炉底透气砖(*A*—*A*)及炉身(*B*—*B*)砌筑如图2-2所示；80t转炉和120t转炉炉型工艺尺寸分别如图2-3和图2-4所示。

表 2-4　某厂转炉炉型主要尺寸参数

序　号	参数名称		单　位	设计值		备　注
1	转炉公称容量		t	80	120	
2	转炉平均出钢量		t	90	135	T
3	炉壳高度（内高）		mm	8050	9365	H
4	炉壳直径（内径）		mm	5510	6810	D
5	炉壳内高/炉壳内径			—	1.375	H/D
	炉壳全高/炉壳外径			1.46	1.38	H/D
6	炉壳内容积		m^3	150	275	$V_{壳}$
7	炉膛内高		mm	6850	8265	h
8	炉膛内径		mm	3870	4910	d
9	炉膛内高/炉膛内径			1.77	1.68	h/d
10	熔池直径		mm	3670	4910	$d_{池}$
11	熔池深度		mm	1232	1347	$h_{池}$
12	熔池直径/熔池深度		mm	2.98	3.65	$d_{池}/h_{池}$
13	新砌炉内容积		m^3	64.6	133	V
14	炉容比			0.72	1	V/T
15	出钢口角度		(°)	0	0	
16	出钢口直径		mm	120	160	
17	炉口直径		mm	2000	3000	d_0
18	炉口直径/炉膛直径			0.53	0.61	d_0/d
19	耳轴中心至炉底的距离		mm	2780	4900	
20	炉帽倾角		(°)	60	61	
21	砌砖厚度	永久层厚度	mm	386/115	300/150	
		炉身段	mm	815	850	
		炉　底	mm	940	1000	

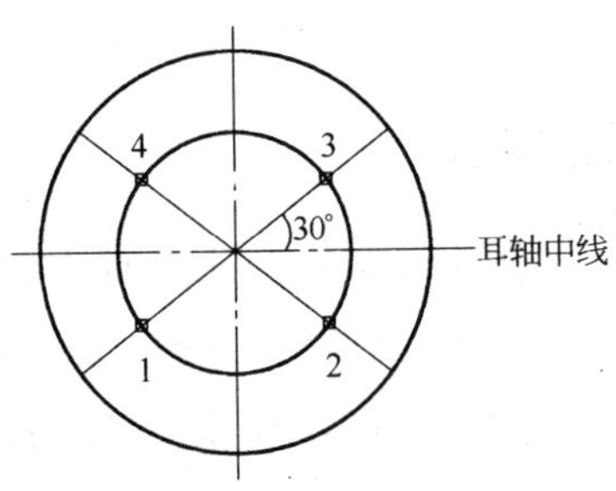

图 2-1　80t 转炉炉底透气砖示意图

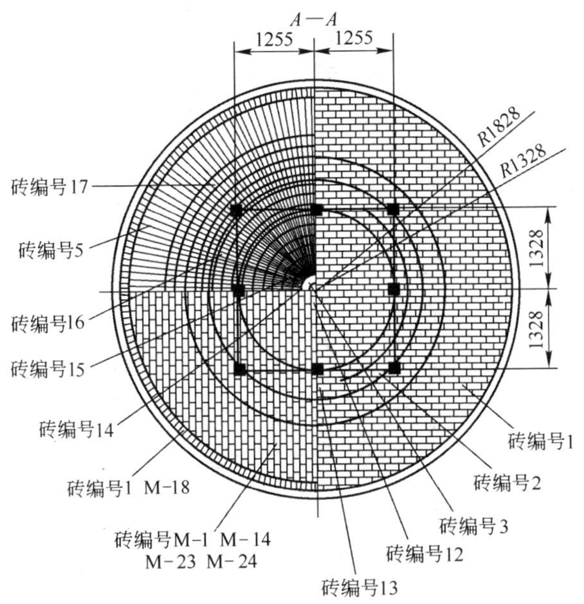

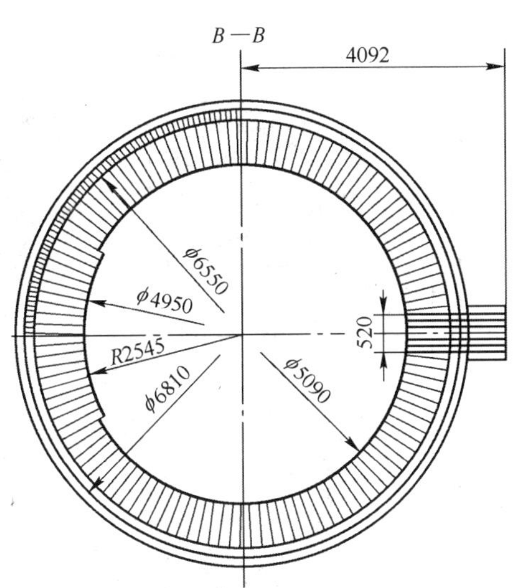

图 2-2　120t 转炉炉底透气砖
(A—A)及炉身(B—B)砌筑

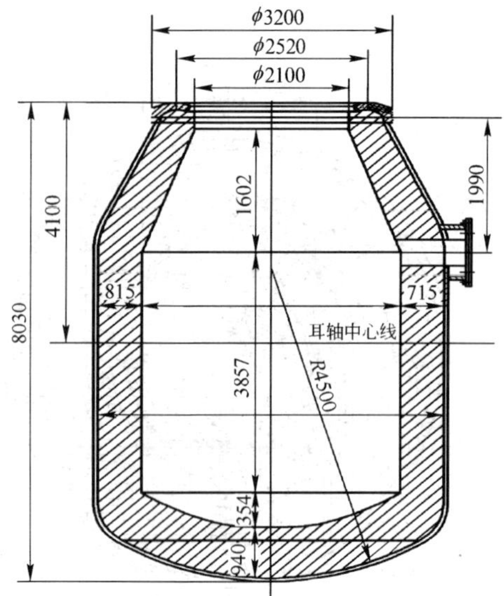

图 2-3　80t 转炉炉型工艺尺寸

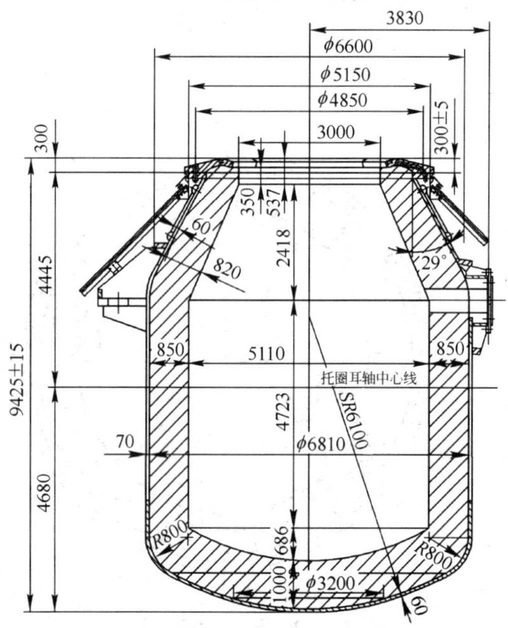

图 2-4　120t 转炉炉型工艺尺寸

2.3 转炉砌筑方案介绍

转炉砌筑方案包括：

（1）采用简易上修法吊盘施工。120t 转炉底部设计有 8 块透气砖，80t 转炉有 4 块，采用死炉底，遵循先下部后上部、先内部后外部的砌筑方式。

（2）转炉炉衬永久层以镁砖为主，工作层以镁碳砖进行砌筑。由于入炉的镁碳砖砖型大，且均是按同规格型号包装，而非按照砌炉的顺序包装，因此部分耐火砖需要在施工现场进行炉外预组装后才能入炉，在砌筑中必须严格按程序进行供砖供料。

（3）整个炉衬采用干湿相结合的砌法（湿砌主要在出钢口附近）。炉底的工艺管道可以在炉衬施工完毕后进行透气元件的外连接。

（4）由于转炉炉衬砌筑完后即将投入生产，因此施工必须精心组织、科学统筹、加强协调，以保证优质、安全、快速地完成转炉砌筑。

2.4 转炉砌筑前的底吹透气砖试气

2.4.1 试气前期准备

转炉砌筑前，底吹透气砖试气的前期准备工作包括：

（1）试气用工具材料（表 2-5）。

表 2-5 试气用工具材料

序 号	名 称	单 位	数 量	备 注
1	底吹透气砖	块	$N+1$	根据炉型。4 块备 1 块或 8 块备 1 块
2	压缩空气瓶	瓶	3	要求满气且无水
3	橡皮软管	根	1	约 10m 左右
4	脸 盆	个	1	

续表 2-5

序　号	名　称	单　位	数　量	备　注
5	肥　皂	块	2	
6	水	桶	1	
7	排刷或粗毛笔	支	1	
8	操作台(现场制作)	个	1	
9	宽胶带纸	卷	2	

(2) 试气人员。试气操作人员 1 名，辅助人员 2 名。

2.4.2　试气程序

转炉砌筑前，底吹透气砖试气程序如下：

(1) 底吹透气砖摆放在操作台上，准备好浓度适当的肥皂水(插管可吹出气泡即可)。

(2) 压缩空气瓶接好软管，软管另一端接在底吹透气砖不锈钢管上。

(3) 开 0.2MPa 的氮气，用排刷蘸肥皂水试透气砖顶部是否有气泡，调整流量直至合适开度，观察气泡大小和数目是否均匀。

(4) 按上述方法，逐一试完每块透气砖。注意透气砖顶部每条边的气泡是否均匀。

(5) 试气中，注意检查每块砖的底部气室，不得漏气。

(6) 试完后将透气砖顶部用干布擦干，并用宽胶带纸封好顶面，以免后期堵塞。

(7) 试气结束，将透气砖集中存放并注意防潮。

2.5　转炉各部位的主要砌筑方法及砌筑要点

2.5.1　测定炉底中心线

将转炉摇至零位锁死，用铅锤从出钢口中心部位吊线至炉壳上进行找点，并利用该点引伸出等分的四点，通过四点的交叉点找出炉底中心线，并在炉壳上作出轴线 0°、90°、180°、270°标记。

2.5.2 炉底永久层砌筑

炉底永久层砌筑方法及砌筑要点如下：

（1）检查钢结构上的排气孔，保证所有排气孔畅通。

（2）检查供气套管，保证无折断、变形和脱焊现象，确保管子畅通。

（3）炉底镁砖永久层用 M-1 砖平砌，当砌至接近炉壳的弧形钢板时，则使用半干镁火泥料进行捣打，捣打料要求与 M-1 砖相平。

（4）平砌 M-1 砖层均采用十字形方法进行砌筑。第一层铺砖方向可以任意选择，但上下层铺砖的角度应错开 45°～60°。当炉底砌至接近炉底弧形段时，则使用卤水镁火泥捣打。捣打料要求与砖层相平，不能高出同层砖面，要求捣打严实。

（5）炉底在砌至供气砖位置时，注意要以炉底钢板的孔洞为中心，预留 300mm×300mm 的方孔，以便安装供气砖。

（6）永久层用镁火泥干砌。当一层砖砌完之后，铺上镁灰，用平铲来回刮动，使镁火泥充满砖缝。

（7）支设弧形样板，检查其弧度是否与炉底工作层的外半径一致。要求找中要准确，支设要牢固。

（8）卤水镁火泥配比为镁火泥 70%，细镁砂 30%，外加卤水适量。

2.5.3 炉底工作层砌筑

炉底工作层砌筑方法及砌筑要点如下：

（1）炉底工作层采用 600mm 的镁碳砖砌筑。

（2）采用环砌法砌筑前，先用十字吊线法找出炉底中心，准确量完中心砖的位置，其偏心度不大于 10mm。

（3）炉底环形砖与供气砖周围座砖应在耐火厂进行预砌筑组装，组装合格后进行编号，整体运输至现场，在现场拆开按编号的顺序码放，砌筑时对号入座。砌筑时中心砖与测量出的转炉中心相吻合。

（4）炉底工作层砌至透气砖位置，先用木模砖定位，如位置不当，透气管应根据透气导管的位置进行弯曲。木模砖定位后，检查透气砖和周围座砖是否与工作层砖合缝。确认木模砖、座砖的角度砖缝符合设计要求后，取出木模砖，安装透气砖和座砖，下部用镁碳捣打料将透气砖下面预留的方洞捣打严实（在安装透气砖前，须已检查透气砖的透气性）。

（5）炉底工作层砌至边缘两环，要求保证砌体上表面为水平，砌筑压边砖，应与边缘环水平一致。压边砖砌筑时在轴线加工压紧炉底工作层砖环，并抵紧永久层镁砖。压边砖下面使用捣打料填捣，并通过调节该料层厚度来控制压边砖的高度，压边砖的表面不平整度不大于5mm/m。

（6）压边砖与永久层之间使用捣打料捣打严实。

（7）炉底工作层的砖缝不大于2mm。

（8）炉底砌砖完后，用细镁砂灌满砖缝。

2.5.4　炉身永久层砌筑

炉身永久层砌筑方法及砌筑要点如下：

（1）炉池锥体部位M-1、M-18砖配合立砌，厚度为115mm。

（2）炉身直筒部位使用M-1、M-18砖选配侧砌。

（3）炉帽锥体部位使用M-1、M-24砖选配平砌。

（4）永久层干砌，用细镁砂粉填充砖缝，并靠紧炉壳。

（5）永久层砖环合门时可用加工砖调节砌筑，合门要求合紧。

2.5.5　熔池工作层砌筑

熔池工作层砌筑方法及砌筑要点如下：

（1）砌砖前要检查压边砖表面平整度。

（2）砌筑熔池1～3层砖。用压边砖砌筑，砌第一块砖的时候要砌正、砌平（其长边应与炉子水平中心线一致）。要求每环的表面应平整，径向不平度不大于5mm/m，严禁向炉内倾斜。工作层应抵紧永久层镁砖，其自然三角缝用镁碳捣打料填充严实。

2.5.6 炉子直筒部位工作层砌筑

炉身砌筑4～8层。0°～180°中心线（与两耳轴中心线垂直）两边各60°范围内装料侧的炉身工作层，使用长700mm的镁碳砖砌筑。其余部分使用600mm长砖选配砌筑。

出钢口是转炉的重要部位，该部位砌筑的质量直接关系到转炉冶炼的钢种质量，因此砌筑时，要求精益求精。出钢口砌筑方法及砌筑要点如下：

（1）炉身砌筑出钢口下，出钢口中心线应与炉子中心线吻合。先砌出钢口外口，再砌筑出钢口内口的下部组合座砖，再砌出钢口的管砖。管砖与座砖间隙用镁碳捣打料捣打严实。出钢口砌体应用镁铬火泥湿砌。

（2）砌筑出钢口外口时，应抵紧出钢口的法兰砌体，与炉壳要严实。

（3）砌筑出钢口内口时，采用先内后外、先下后上的原则，砖与砖之间应靠紧、抵严。

（4）砌筑管砖时，应先安装钢管固定在出钢口法兰上，管砖套入钢管砌筑，管砖砌完并用镁碳捣打料捣打完后，工作面用钢板焊死，以便固定管砖。

（5）出钢口周围砌体1m范围内不留设膨胀缝。

2.5.7 炉帽砌筑

炉帽砌筑方法及砌筑要点如下：

（1）炉帽工作层与永久层应交替砌筑。为了保证炉帽砌体角度，砌筑永久层时，应根据图纸尺寸放线，确定永久层砌筑厚度，砌筑时应先砌永久层、再砌工作层，永久层应抵紧炉壳。

（2）炉帽工作层使用600mm长砖选配砌筑。

（3）工作层砖与永久层砖之间的缝隙用卤水镁质泥料塞严实。炉帽最上一层与钢结构之间的缝隙用镁质火泥料塞严实。

2.5.8 砖环合门

砖环合门砌筑方法及砌筑要点如下：

（1）每环只许一处合门，合门砖位置安排在距离钢口中心线15°～30°之间，上、下层合门砖应错开2～3块砖。

（2）合门时的加工砖切削部分不能大于原砖宽的1/2，而且加工砖不准作合门的锁砖。

（3）合门的锁砖的宽度应大于缝隙的1/10左右。合门时，锁砖的小头从合门缝隙的中间放入，用撬棍撬入。

（4）炉口最上一层砖的合门缝隙内外应留设一样宽，然后加工一块直形砖从工作面打入。

2.5.9 胀缝的留设

胀缝的留设要点有：

（1）炉底的永久层和工作层均不留胀缝。

（2）炉身的永久层不留胀缝，熔池的工作层不留胀缝。

（3）从炉身第9层开始，每隔4层砖平铺一环（1mm厚黄纸板2片），炉身辐射缝每隔4块砖夹1mm厚黄纸板2片。

2.5.10 质量验收标准

质量验收标准包括：

（1）转炉炉身工作层镁碳砖平缝和竖缝不大于2mm，永久层的平缝不大于3mm，竖缝不大于2mm。

（2）砖环表面的不平整度不大于5mm/2m。个别位置不平时，可用细镁砖垫平，但砖缝不能超过允许标准。

（3）砌砖以炉壳为导面，工作层紧靠永久层砌筑。

（4）砖型选配要合理，不得出现大的错缝。

（5）炉底每层铺砖时应错开砖缝砌筑，不允许有3层同缝现象。

2.6　转炉砌筑的安全和质量保证措施

2.6.1　拆炉和修炉安全操作规定

2.6.1.1　拆炉作业

拆炉作业安全操作规定有：

（1）事先应全面清除炉口、炉体、汽化冷却装置、烟道口烟罩、溜料口、氧枪孔和挡渣板等部位周围的残钢和残渣，然后进行拆炉。

（2）由于采用拆炉机拆炉，期间人员不得在炉下区域通行与停留。

（3）拆完炉之后，应切断氧气，堵好盲板，移开氧枪，切断炉子倾动和氧枪横移电源；活动烟道移开后，固定烟道下方应设置盲板，关闭汇总散状料仓并切断气源；炉口应支好安全保护棚，在作业的炉底车、修炉车两侧设置轨道铁，切断钢包车和渣车的电源；切断底吹气源，并应采取隔离措施。

2.6.1.2　修炉作业

修炉作业安全操作规定有：

（1）应严格执行停电、挂牌制度；修炉时，砌炉地点周围设置为安全区域。

（2）在有可能泄漏煤气、氧气、高压蒸汽等其他有害气体和烟尘的部位，应采取防护措施。

（3）施工区应有足够照明，危险区域应设立警示标志及临时围栏等。

（4）在转炉修炉区附近应设专用平台或搭建稳固的临时平台，使作业人员和材料能安全方便地进出炉壳。

（5）搭建修炉脚手架应经检查连接牢固，脚手架离工作面0.05～0.1m，负荷不应超过279kg/m^2，其上物料不应集中放置；倾斜跳板宽度应不小于1.5m，坡度不大于30°，防滑条间距应不小于0.3m。

（6）施工区域耐火砖砖垛高度应不超过1.9m，重质耐火砖砖垛高度不超过1.5m，垛间应留宽度大于1m的人行通道。

（7）施工区域至车间外部应临时建立废砖清运、耐火材料输送的专用通道，以保证安全有序、物流畅通。

（8）高处作业人员应佩戴安全带。

2.6.2 确保转炉砌筑质量的主要措施

确保转炉砌筑质量的主要措施有：

（1）组织人员应认真熟悉图纸，按设计施工图和《施工验收规范》等技术文件，安排进行24h监装，以督促施工方严格按照设计图纸和施工验收规范组织施工。

（2）每个工种、每道工序施工前，要对施工方进行各级技术交底。特殊的工序应编制有针对性的作业指导书。

（3）每层砖合门前，特别要关注其施工精度，及时发现问题并有权要求返工。

（4）总炉长应每日对照施工网络，记录施工情况，跟踪施工进度。

2.7 转炉砌筑完成后的工作

砌筑完成后，要将砖面上灰渣及时打扫干净，施工现场保持干净、整洁，废物、杂物及时清理到场外。

2.7.1　炉衬养生

炉衬养生要点有：

（1）砌筑完成后，转炉保持直立，12h 内不得动炉；

（2）转炉炉口覆盖帆布，严防进水。

2.7.2　原始数据测量

原始数据测量的要点有：

（1）转炉养生完成后，保持直立。技术人员准备进炉内测量新炉役的基础数据。

（2）入炉前的安全保障条件：

1）风机低速运转（600r/min 以上）；

2）打开底吹阀门室的压缩空气，进行试气；

3）进炉前丢入火把，试其是否符合安全条件。

（3）工具材料准备（表 2-6）。

表 2-6　转炉测量工具材料

序　号	名　称	单　位	数　量
1	软　梯	副	1
2	5m 卷尺	个	1
3	超过 3m 的铁棍	根	1
4	线　团	个	1
5	铅　坠	个	1
6	楼　梯	副	1

（4）需测量的基本数据（表 2-7）。

表 2-7　转炉开炉前需测量的基本数据

序　号	名　称	实际数值
1	炉底实际直径（熔池直径，过炉底中心）	
2	透气砖编号及方位确认	
3	炉口直径（内口）	
4	炉底弧形段高度	
5	出钢口距炉底高度	
6	氧枪降至最低点喷头与炉底距离	
7	喷头的中心度（中心线与炉子中心差距）	

3

转炉修炉及开炉、停炉操作

＊＊＊＊＊＊＊＊＊＊＊＊＊＊＊＊＊＊＊＊＊＊＊＊＊＊＊＊＊＊

3.1 转炉开新炉操作

3.1.1 开新炉准备工作

转炉炉衬砌筑和设备单体试车（倾动除外）完毕，一般12h后方可动炉。开新炉前，应由工艺人员和设备（机械、电气）人员负责组织对转炉系统的设备、水、气、能源介质等做全面的检查与试车。开新炉的试车准备工作如下：

（1）认真检查炉衬的修砌质量。

（2）底吹的供气系统设备正常，包括自动氮氩切换，自动与手动可切换等。

（3）检查转炉的倾动系统及其润滑系统，包括倾动摇炉地址、选台是否正常，主控室、炉前、炉后摇炉室试车（1～4档），稀油泵设备是否正常，压力和温度。

（4）氧枪升降制动装置、枪位显示、极限、各控制点正常，氧枪的枪位设定高度与实际高度校对准确，误差要求在±50mm之内，氧枪更换机构的横移对位准确，事故马达处于正常状态。

（5）副枪的运行机构、测试程序、插接件与夹持器处于正常状态。

（6）辅原料、合金料的供料、给料设备及加料溜槽，炉下车辆，炉前、炉后挡火门等设备运行正常；称量设备称量准确。

（7）OG 系统的风机、汽化冷却、煤气报警设备灵敏；与转炉连锁装置必须灵敏、安全、可靠。

（8）氧枪、副枪、炉体等冷却水，烟气净化系统冷却水的水质、水流量、压力应符合要求；所有管路应畅通。

（9）氧枪和副枪插入孔密封阀及氮封，加料溜槽氮封等运行正常。

（10）氧气（氮气、氩气）调节阀、切断阀、高压水切断阀、氧气阀控制气源正常无漏气，氧气压力、流量、高压水压力、流量等应达到工作要求。

（11）主控室内设备运转正常，所有测量仪表的读数显示应准确可靠。

（12）氧枪、副枪与转炉零位；氧枪与高压水进出水温度差、压力、氧枪、副枪与一次风机；转炉零位与活动罩裙等连锁装置必须灵敏、安全、可靠。

（13）炉前所用工具材料要齐备，包括测温枪、取样杆、测温头、取样器、样勺、样模、铁锹、增碳剂、煤氧枪、氧气胶管、吹氧管等。

（14）烘炉的焦炭在计划开炉 24h 之前运到现场，并用废钢槽装好（废钢槽底部放好木板材料，上面放焦炭，提前 12h 放在转炉平台用煤氧枪烧燃焦炭），有条件的话可用红钢包把焦炭烤红。80t 转炉需焦炭 6 ~ 8t，120t 转炉需焦炭 12t 左右。

3.1.2 开新炉注意事项

开新炉注意事项如下：

（1）检查、试车工作由转炉总炉长负责。

（2）检查、试车工作必须依据转炉开炉确认表和有关操作规程、规定（确认表见本章附录）。

（3）检查、试车后必须使各设备、仪表、阀门等处于开炉状态。

3.1.3 开新炉烘炉操作

某厂采用焦炭烘炉法。焦炭烘炉操作如下：

（1）按照转炉公称吨位的不同，装入不同的燃烧焦炭量，立即进行吹氧使其燃烧。

（2）炉衬烘烤过程中，80t 转炉把焦炭一次性倒入转炉，120t 转炉把焦炭做二次加入，第一次加入 8t，第二次加 4t；适时调整氧枪位置和氧气流量，使其满足与焦炭燃烧所需要的氧气量，以使焦炭完全燃烧。烘炉参数见表 3-1。

表 3-1 烘炉参数

转炉吨位/t	80	120
氧流量/$m^3 \cdot h^{-1}$	4000 ~ 6000	7000 ~ 9000
枪位/m	0.8 ~ 1.5	0.9 ~ 1.5

（3）烘炉过程根据观察烘炉、焦炭燃烧情况，采取提枪摇动转炉，使炉中的焦炭均匀摊开在炉底上，使未燃烧的焦炭完全燃烧。

（4）烘炉升温曲线（图 3-1）。

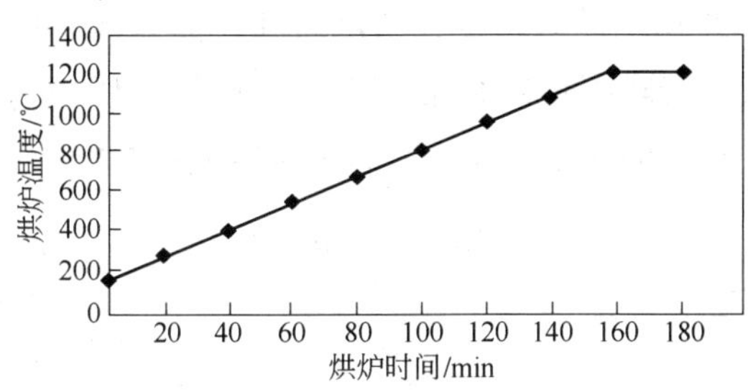

图 3-1 烘炉曲线

（5）烘炉时的炉衬温度监控方法，在出钢口内放一个热电偶测温或目测炉衬温度。

（6）烘炉前，可解除氧气工作压力连锁报警，烘炉结束及时恢复连锁。

（7）复吹转炉在烘炉过程中，炉底应一直供气，也可以比正常吹炼的供气强度稍小些（$0.02m^3/(min \cdot t)$）。

（8）烘炉结束后，倒炉观察炉衬烘烤情况，并倒尽残余焦炭，应立即兑铁水（全铁）冶炼。

（9）注意摇炉观看烘炉效果，不能站在炉口正前方或靠近炉口。烘烤结束的前 10min，炉前就要把铁水准备好，80t 转炉准备铁水 92t，120t 转炉准备铁水 140t，避免发生等铁水现象。

3.1.4 开新炉第一炉操作

3.1.4.1 操作要点

开新炉第一炉操作的要点如下：

（1）根据转炉的不同公称吨位兑入铁水，进行测量氧枪“零位”。

（2）开新炉第一炉为全铁水操作。80t 转炉准备铁水 92t，120t 转炉准备铁水 140t。

（3）开新炉第一炉必须延长吹炼时间，保证提高烧结质量及炉衬温度。一般进行降压吹氧冶炼，要求其纯供氧时间大于 20min，从而提高转炉炉衬砖的使用寿命。开新炉参数见表 3-2。

表 3-2 开新炉参数

转炉吨位/t	80	120
氧流量/$m^3 \cdot h^{-1}$	15800	21000 ~ 22000
出口压力/MPa	0.75 ~ 0.78	0.75 ~ 0.78

（4）渣料中一般不加冷却剂（矿石、球团矿），保证熔池高温冶炼，提高炉衬的烧结质量。

（5）基本枪位控制（表 3-3）。

表 3-3　基本枪位控制

转炉吨位/t	80	120
枪位/m	1.2～1.6	1.4～1.6

（6）根据铁水成分和终渣碱度（$R=3.8\sim4.0$，$MgO=8.0\%\sim9.0\%$）配加渣料。根据经验可知，石灰可按铁水硅的 1.3～1.5 倍加入，轻烧白云石按 1.5～2.0t 加入。

（7）在冶炼时出现故障，若停吹时间大于 30min，则回炉处理。

（8）为保证炉衬烧结质量，开新炉一般要确保连续吹炼 10 炉以上不停炉。

3.1.4.2　注意事项

开新炉第一炉操作的注意事项如下：

（1）开新炉应连续冶炼 10 炉以上。

（2）开新炉时，炉前倒渣或炉后出钢时，炉口扇形区域严禁站人，以防塌炉伤人。

（3）在试车和开新炉时，各层平台的重点设备机旁（倾动、氧枪和副枪系统、投料系统、OG 汽化冷却与风机系统）由一名设备人员和一名工艺人员带上煤气报警仪进行监护。

（4）在检查、试车和开新炉时，检修人员、砌筑人员、工艺人员、设备人员必须在现场待命，准备随时进行检修；连续冶炼 3 炉钢正常出钢后，电气、自动化、机械等检修人员方可撤离现场。

3.2　转炉停炉操作

3.2.1　停炉前准备工作

转炉停炉前准备工作包括：

（1）停炉 8h 之前，应准备 7 个空渣罐做洗炉用，有问题及时与生产室协调。

（2）拆炉机运行正常，各备件充足：包括钢钎4根、油管4根、柴油300L、检修人员到现场全程监护等。

（3）散状料高位料仓应按炉役停炉时间具体情况来组织上料操作。

（4）转炉炉况正常的情况下，应把散状料的轻烧白云石量按终渣 MgO 6% 配加，便于停炉时容易洗炉，如炉况不好，按正常量加入。

（5）渣道畅通、渣车设备正常。

（6）准备好消防水带等消防设备。

（7）为了防止烧坏出钢口周围的钢结构，出钢口次数控制在100次以内。

3.2.2　洗炉操作

洗炉操作要点如下：

（1）确保洗炉时设备（氧枪、渣车、倾动等）正常，电工、钳工等设备人员在现场待命，炉下工必须在炉下渣车操作室监护。

（2）停炉的当班班组应安排好操作人员，将渣道及时清理畅通，渣坑挖空。

（3）洗炉的氧气流量、压力调节阀开度开至100%，枪位0.8～2.5m。枪位控制分为：第一步，洗炉底砖以上的假炉底，枪位1.2～2.5m，时间2～3min/次；第二步，洗炉底砖的残渣、补炉料，枪位1.0～1.5m，时间3min/次；第三步，洗熔池的残渣、补炉料，枪位0.8～1.0m，时间3min/次。

（4）洗炉后的钢渣从出钢口倒渣之前，渣罐内应放入部分石灰或轻烧白云石进行冷却，以避免洗炉的高温、高氧化性钢渣刺穿渣罐。

（5）为了保证每次洗炉洗得有效果，每次洗炉倒渣后炉中的留渣量大约为2.0t。

（6）洗炉后的钢渣一般从出钢口倒出，异常情况下可根据现场实际情况再决定是否从炉前倒出钢渣。

（7）洗炉过程中如果发现洗炉不彻底时，可兑入2～3t铁水再次洗炉。

（8）洗炉过程中要注意安全，倒渣时应该喊开炉前、炉后人员。

3.2.3 拆炉

拆炉操作要点包括：

（1）80t转炉拆炉方法，因前大面和前渣线薄弱，应在前大面或前渣线的地方开两条槽直到炉底。

（2）120t转炉拆炉方法，应从后大面出钢口地方或前、后渣线的地方开四条槽直到炉底。120t转炉拆炉之前必须把出钢口定型钢板取下来，以便于拆炉。

（3）在拆炉过程中，根据炉衬砖松动情况将转炉做360°旋转，一方面利用转动炉子把已松动的砖倒掉，另一方面可利用惯性或重力的作用让未松动的炉衬砖垮掉。

（4）在拆炉过程中，要给拆炉机的钻头打水冷却。

3.2.4 注意事项

停炉操作注意事项包括：

（1）停炉操作应按安全操作规程进行。

（2）清除炉壳，钢水车、渣罐车的残钢、残渣。

（3）做好转炉停电、停气、停水工作后，将炉子交给修炉指挥部。

3.3 转炉停炉、开新炉安全注意事项

3.3.1 停炉操作安全注意事项

转炉停炉操作安全注意事项如下：

（1）转炉停炉采用拆炉机拆炉过程中，严禁人员在炉下区域通行与停留。

（2）转炉修炉停炉时，各传动系统应断电，氧气、煤气、氮气管道应堵盲板隔离，煤气、重油管道应用蒸汽（或氮气）吹扫。更换吹氧管时，应预先检查氧气管道，如有油污，应清洗并脱脂干净方可使用。

3.3.2 开新炉操作安全注意事项

转炉开新炉安全操作注意事项如下：

（1）炉前、炉后平台不应堆放障碍物。转炉炉帽、炉壳、溜渣板和炉下挡渣板、基础墙上的粘渣，应清理干净，确保其厚度不超过100mm。

（2）废钢配料，应防止带入爆炸物、有毒物或密闭容器。废钢料高不应超过料槽上口。

（3）兑铁水用的天车吊运铁水重罐之前，应验证制动器是否可靠；不应在兑铁水作业开始之前先挂上倾翻铁水罐的小钩；兑铁水时炉口不应上倾，人员应处于安全位置，以防铁水罐脱钩伤人。

（4）转炉新炉开炉，开始生产前应按新炉开炉的要求进行准备；应认真检验各系统设备与连锁装置、仪表、介质参数是否符合工作要求，出现异常应及时处理。

（5）炉下钢水罐车及渣车轨道区域（包括漏钢坑），不应有水和堆积物。转炉新炉开炉生产期间需到炉下区域作业时，应通知转炉主控室停止吹炼，并不得倾动转炉，无关人员不得在炉下通行或停留。

（6）转炉吹氧期间发生以下情况，应及时提枪停吹：氧枪冷却水流量、氧压低于规定值，出水温度高于规定值，氧枪漏水，水冷炉口、烟罩和加料溜槽口等水冷件漏水、停电。

（7）吹炼期间发现冷却水漏入炉内，应立即停吹，并切断漏水件的水源；转炉应停在原始位置不动，待确认漏入的冷却水完全蒸发，方可动炉。

（8）倾动转炉时，操作人员应检查确认各相关系统正常，并遵守下列规定：测温取样倒炉时，不应快速摇炉；倾动机械出现故障时，不应强行摇炉。

（9）倒炉测温取样和出钢时，人员应避免正对炉口；采用氧气烧出钢口时，手不应握在胶管接口处。

（10）火源不应接近氧气阀门站。进入氧气阀门站不应穿钉鞋。油污或其他易燃物不应接触氧气阀及管道。

（11）有窒息性气体的底吹阀门站，应加强检查，发现泄漏及时处理。进入阀门站应预先打开门窗与排风扇，确认安全后方可入内。维修设备时应始终打开门窗与排风扇。

（12）炉前、炉后平台设置安全警示牌。

（13）转炉开新炉，人员进入炉子测试零位之前，应将底部气源切断，一次风机启低速，避免窒息；氧枪不得长时间停留在炉内；应先将氧枪氧气法兰拆下，防止氧枪降下时漏氧；进入炉内应穿不产生静电的工作服，不得带火种和油类物。

3.4　某厂120t转炉OG试车实例

3.4.1　转炉烟气冷却、净化和煤气回收系统热试前的准备确认

转炉烟气冷却、净化和煤气回收系统热试前的准备确认如下：

（1）检查烟气冷却及净化系统有无漏点；检查阀门开关状态是否正常。

（2）与计算机核对水位、流量、压力是否一致。

（3）系统连锁调试：

1）设备本身的连锁。

2）与转炉的连锁。

3.4.2　OG 系统连锁测试项目

OG 系统连锁测试项目包括：

（1）给水泵的连锁（两台给水泵正常情况下一台运行，一台备用）：

1）启动给水泵时，泵出口电动阀自动投入。

2）运行泵事故跳闸后，备用泵及泵出口电动阀自动投入。

（2）低压强制循环泵连锁（两台低压强制循环泵正常情况下一台运行，一台备用）：

1）当运行水泵事故跳闸时，备用泵及泵出口电动阀自动投入。

2）当运行循环水泵出口压力低于 0.5MPa 时，备用泵及泵出口电动阀自动投入。

3）当运行循环水泵事故跳闸后，泵出口电动阀自动关闭。

4）当两台泵及泵出口电动阀均不能正常运行，且流量计无流量显示，系统进行报警，氧枪自动提枪并停止吹氧。

（3）高压强制循环泵的连锁（两台高压强制循环泵正常情况下，一台运行，一台备用）：

1）当运行水泵事故跳闸时，备用泵及泵出口电动阀自动投入。

2）当运行循环水泵出口压力低于 3.1MPa 时（吹氧时）、压力低于 1.0MPa 时（不吹氧时，数值可调），备用泵及泵出口电动阀自动投入。

3）当运行循环水泵事故跳闸后，泵出口电动阀自动关闭。

4）当两台泵及泵出口电动阀均不能正常运行时，且流量计无流量显示，系统进行报警，氧枪自动提枪并停止吹氧。

（4）除氧水箱水位与给水泵、氧枪的连锁：

1）除氧水箱水位 $H \leqslant -550$mm 时，进行第 1 次报警。

2）除氧水箱水位 $H \leqslant -600$mm 时，进行第 2 次报警。

3）除氧水箱水位 $H \leqslant -650$mm 时，进行第 3 次报警，同时氧枪自动提枪停止吹氧及停给水泵。

（5）与氧枪的连锁：高压强制循环泵、低压强制循环泵正常时，方可下氧枪冶炼。

（6）活动烟罩氮封管电动阀与氧枪的连锁：开始下氧枪时，电动阀开；提出氧枪时，电动阀关。

（7）汽包水位与氧枪的连锁：

1）汽包水位 $H \leqslant -550$mm 时，进行第 1 次报警。

2）汽包水位 $H \leqslant -600$mm 时，进行第 2 次报警。

3）汽包水位 $H \leqslant -650$mm 时，进行第 3 次报警，同时氧枪自动提枪且停止吹氧。

（8）汽包出口蒸汽压力控制（定压操作，运行中最大定压为 2.45MPa）：

1）压力达到 2.25MPa 时，阀开。

2）压力低于 2.0MPa 时，阀关；阀开、闭的定压压力范围要求可调。

3）压力达到 2.45MPa 时，汽包安全阀（年修时校验）、放散阀自动开启。

4）当出现汽包放散阀不能自动开启，则在电脑画面上手动打开。

5）当出现汽包放散阀、安全阀不能开启（自动或手动），立即提氧枪且停止吹氧。

（9）汽包加热蒸汽电动阀连锁：

1）汽包水温 $T \geqslant 180$℃，阀关；汽包加热蒸汽停止供汽。

2）汽包水温 $T < 170$℃，阀开；汽包加热蒸汽开始供汽。

（10）汽包水位与给水泵的连锁：

1）汽包水位低于 200mm 时（吹炼期），给水泵自动给汽包补水（流量为 100t/h）；若高于此水位，给水泵转低速停止给水。

2）汽包水位低于 -200mm 时（非吹炼期），给水泵自动给汽包补水（流量为100t/h）；若高于此水位，给水泵转低速停止给水。

（11）汽包水位与汽包排水阀的连锁：

1）汽包水位 $H \geqslant 350$mm 时，排水阀开。

2）汽包水位 $H \geqslant 450$mm 时，高水位报警。

3）汽包水位 $H \geqslant 450$mm 高水位报警时，停止吹氧（此连锁未投入，在运行的过程中没有出现过，即使出现了可以边排水边吹氧）。

4）汽包水位 $H \leqslant 300$mm 时，排水阀关。

（12）除氧水箱水位控制与各阀门的连锁：

1）除氧水箱水位 $H \geqslant 450$mm 时，软水给水调节阀关。

2）除氧水箱水位 $H < 450$mm 时，软水给水调节阀开。

3）除氧器水位 $H \geqslant 550$mm 时，高水位报警，排污阀开。

（13）除氧水箱压力自动调节：

1）当除氧器压力不小于0.4MPa时，排汽控制阀开；自用蒸汽调节阀关。

2）当除氧器压力小于0.39MPa时，排汽控制阀关；自用蒸汽调节阀开。

（14）蓄热器出口蒸汽调节阀控制连锁：

1）蓄热器压力大于1.2MPa时，蒸汽调节阀开。

2）蓄热器压力小于1.0MPa时，蒸汽调节阀关。

（15）一文给水流量连锁：

1）当流量小于180m^3/h时，报警。

2）当流量小于150m^3/h时，报警，同时氧枪自动提枪且停止吹氧。

（16）水冷夹套排水温度连锁：当温度 $T \geqslant 60$℃时报警；同时氧枪自动提枪且停止吹氧。

（17）旋风脱水器冲洗阀连锁：

1）风机低速时，冲洗阀开。

2）风机高速时，冲洗阀关闭。

（18）弯头脱水器冲洗连锁：风机低速时，冲洗阀开，冲洗6min自动关闭。

3.4.3 一次风机系统测试项目

一次风机系统测试项目包括：

（1）风机转速控制：

1）当转炉摇至兑铁位（30°），延时30s，风机高速。

2）转炉摇至出钢位（－80°）时，风机降为低速。

（2）风机停机控制：当鼓风机轴承温度超过80℃、轴承振动超过125μm、电机轴承温度超过85℃或定子温度超过140℃等任一条件成立时，鼓风机电机停机。

（3）风机叶轮冲洗控制：当鼓风机低速运行时，叶轮冲洗管气动阀打开冲洗6～8min，当风机高速运行时，电磁阀关闭。

（4）风机轴承振动检测、报警及连锁：振动值高于63μm时报警。振动值高于100μm，送出接点信号给电力风机控制系统，停风机。

（5）风机进、出口轴承温度检测、报警及连锁：

1）温度高于75℃时报警；温度小于75℃时，送出接点信号给电力风机启动控制系统。

2）温度高于80℃时，送出接点信号给电力风机控制系统，停风机。

（6）风机房控制室CO含量检测、报警及连锁：

1）CO含量高于0.005%时，报警，并将接点信号打开风机房控制室风机。

2）CO含量低于0.003%时，将接点信号送至电力关闭风机房控制室风机。

（7）电机定子温度检测、报警及连锁：

1）温度高于135℃时，报警；温度小于135℃时，送出接点信号给电力风机启动控制系统。

2）温度高于140℃时，送出接点信号给电力风机控制系统，停风机。

（8）电机轴承温度检测、报警及连锁：

1）温度高于80℃时报警；温度小于80℃时，送出接点信号给电力风机启动控制系统。

2）温度高于85℃时，送出接点信号至电力风机控制系统，停风机。

（9）润滑油管道温度显示及连锁：

1）油温达到25℃，风机启动。

2）温度高于40℃时报警。

（10）三通切换阀冲洗水管调节阀控制：风机低速，调节阀打开冲水30s后关闭。

（11）风机油站压力连锁：

1）压力小于0.08MPa时，备用泵互投。

2）压力小于0.06MPa时，停风机。

（12）变频器温度与风机的连锁：变频器温度大于41℃报警，变频器温度大于43℃停机。

（13）煤气回收条件连锁：煤气回收全部具备条件，才能回收。

（14）设备、管路、阀门无泄漏、各人孔、法兰、泄爆阀无泄漏。

（15）各脱水器、排污水封畅通、封闭严密。

（16）喷头（一文、二文）检查（第一次试车、试水完毕后，再开人孔全面检查，工艺、设备人员到场）：安装紧固、无松动、位置正确、雾化效果；溢流面检查和溢流面的环形流向。

（17）各水封溢流情况是否正常。

（18）风机机组试空投正常，送电、启电机运行，用听音棒听电机内部声音，检查油温、油压：

1）试油泵电动连锁和低压连锁。

2）启动油泵，检查转动密封部分，检查油泵声音，温度应一切正常。

3）调整好各润滑点油量，油压调节在0.3～0.5MPa，并检查回油（风机、电机）。

4）油量是否正常，各润滑点润滑良好，无漏油，测振值和电流变化，并与主控工核对参数检查是否一致。

5）打开高位油箱溢流阀门，并且要有溢流，检查油站的油位（是否处于中高位）。

（19）电机运行正常后，停电机、联风机接手，再启电机，风机低速运转。检查方法：用听音棒听风机内部声音；油温、油压、油量是否在规定范围内，各润滑点无漏油；测振值、电流值正常，并与主控工核对。

（20）风机低速运行4h后，缓慢打开入口蝶阀，风机升至高速检查，检查风量、风压和油温、水温。

（21）风机高速运行2h正常降低速。

3.4.4　转炉烟气冷却及净化系统和煤气回收系统的热试车操作

转炉烟气冷却及净化系统和煤气回收系统的热试车操作如下：

（1）通知调度室，送软水将除氧水箱补水至+300mm，正常。

（2）启动给水泵给汽包补水至-100mm，蓄热器补水至+350mm正常，流量55～85m^3/h。

（3）启动低压循环泵，通过除氧水箱给活动烟罩实施低压强制循环，流量280～310m^3/h。

（4）启动高压强制循环泵，通过汽包给固定段和可移动段实施高压强制循环，流量450～600m^3/h。

（5）通知调度室送文水。调整水量：

一文溢流水封	70m^3/h
一文供水量	200~300m^3/h
水套	40m^3/h（净环水）
二文供水量	170~245m^3/h
弯头冲洗量	28m^3/h
湿旋冲洗量	40m^3/h

（6）检查现场水量、水压、温度是否一致，水压大于0.3MPa，温度小于35℃。

（7）风机启高速。

（8）现场设专人监护（工艺、机械、电气）。

3.4.5 转炉烟气冷却及净化系统和煤气回收系统的安全注意事项

转炉烟气冷却及净化系统和煤气回收系统的安全注意事项如下：

（1）对设备技术性能不熟、有关规程不懂的人员严禁操作。

（2）各设备单体试车未完成，严禁联动试车。

（3）设备管路、阀门无泄漏，发现问题及时处理。

（4）泵运行中，要随时观察泵及电机运行状况，发现问题及时处理。

（5）循环泵油箱要及时加油或换油，保证油质和油量，调整油箱冷却水使油温在25~65℃之间。

（6）流量低时要及时启动备用泵，备用泵出入口阀应常开。

（7）水位运行应在规定位置，水位高时应停止补水，水位低时要及时补水。

（8）汽化系统三大安全装置（水位、压力、安全阀）之一失灵时，严禁运行。

（9）泵和电机在异常情况下，严禁运行（冒烟、冒火、放炮、漏电、异响等）。

（10）除氧水箱低于规定时下限位时，严禁给水泵运行，设备发现堵塞现象立即停水，并且进行疏通；若系统参数与计算机显示不符或电动阀失灵，信号不到位则通知计控处理，专人在现场监护，及时反馈处理。

（11）严禁风机在喘振区内运行，必须在规定的转速范围内进行。

（12）风机电流不得超过规定范围。

（13）风机运行中，油温、油压、电流、转速、振值、冷却水等参数应在正常范围内，发现异常及时处理。

（14）当风机系统遇到以下情况，应采取紧急停机措施：

1）电机、风机的任何部位突然冒烟、冒火。

2）电机、风机突然发生剧烈振动（一般超过 8mm/s）。

3）听到风机内部有明显的金属声或其他异响。

4）供油系统突然停止，采取措施无效。

5）油温、瓦温、定子温度突然上升，超过规定值，且无法下降。

6）油箱、油位降到极限，不能恢复。

附录1 80t转炉开炉设备确认表

附表3-1 80t转炉开炉设备确认表 年 月 日

设备名称	应达到的要求	签 名	备 注
渣罐车	(1) 炉前、炉后、炉下操作良好； (2) 电机运行平稳，无卡阻		
钢水罐车	(1) 炉后、精炼站操作运行良好； (2) 电机运行平稳，无卡阻		
合金溜槽	(1) 摆动平稳，角度到位； (2) 气动阀开关好使； (3) 溜槽管不能漏料		
挡渣棒小车	(1) 前后运行平稳，轨道无卡阻； (2) 溜槽上下运行正常		
炉前炉后挡火门	(1) 运行平稳，开关到位； (2) 水流量、水压正常		
稀油润滑站	(1) 油泵开启，运行正常； (2) 油压、油位稳定		
转炉倾动	(1) 炉前、炉后、主控室内摇炉正常； (2)无溜车现象； (3) 电机无异常响动； (4) 摇炉过程倾动无异常响动		
罩 裙	升降平稳、到位，水平合乎要求		
电振给料器	振动平稳，下料正常		
称量值	称量值有数字显示，状态正常		
称量斗气动插板阀	(1) 气动阀自动状态或手动状态运行开关及信号正常； (2) 运行次数不小于5次		

续附表3-1

设备名称	应达到的要求	签　名	备　注
氧枪系统	（1）氧枪的水切断阀能否开关到位； （2）氧枪的氧气切断阀是否好使； （3）氧枪是否对中； （4）氧枪的运行是否正常； （5）氧枪钢绳张力能否满足条件； （6）氧枪与转炉连锁是否好使； （7）氧枪的自动提枪是否好使； （8）备用枪与使用枪的换枪是否好使		
氧枪标尺	上下运行平滑无卡阻		
计算机	计算机显示正常，操作正常		
渣道	（1）是否畅通； （2）炉下轨道是否正常		
报样器	显示正常		
测温枪、定氧仪	正常		
氮封系统	（1）氧枪口氮封或蒸汽封； （2）下料口氮封		
在线烘烤器	（1）煤气压力满足要求； （2）烘烤器升降正常； （3）风机运行正常		
刮渣器	（1）电气是否异常； （2）开关是否好使		
底吹系统	（1）各支管流量、压力是否正常； （2）压缩空气		

附录2 80t转炉开炉能源介质及生产材料确认表

附表3-2 80t转炉开炉能源介质及生产材料确认表 年 月 日

名 称	应达到的要求	签 名	备 注
氧 气	总管压力 >1.2MPa		
氮 气	总管压力 >0.20MPa		
氩 气	总管压力 >1.0MPa		
压缩空气	总管压力 >0.5MPa		
氧枪高压水	压力 >1.8MPa，流量 >120m³/h		
转炉中压水	（1）压力 >0.6MPa； （2）炉体冷却水流量 >100m³/h； （3）炉体回水流量畅通（+17m平台）； （4）溢流水封压力 >0.6MPa，流量 >30m³/h		
动态取样器	满足生产要求		
样勺、样模	满足生产要求		
热电偶	满足生产要求		
吹氧管	数量足够烧出钢口备用		
氧气胶带	备用2根		
挡渣棒及挡渣塞	满足生产要求		
增碳剂	满足生产要求		
OG系统	满足生产要求		

附录3　80t 转炉开炉 OG 系统确认表

附表 3-3　80t 转炉开炉 OG 系统确认表　　年　月　日

	炉　座：	确认班组：-	
项　目	内　容	状　态	确认人
8.3m 平台及 17m 平台区域	烟道Ⅰ段排污阀		
	中压水总阀		
	重力水封及插板		
	弯头水封及插板		
	湿旋水封及插板		
	17m 水封人孔及清理孔		
22m 平台区域	湿旋喷枪气阀		
	湿旋喷枪水阀		
	烟道Ⅱ段排污阀		
	22m 各人孔		
29m 平台区域	一文挡板水套进水阀		
	一文收缩段水套进水阀		
	一文水封排污阀		
	一文收缩段水套排污阀		
	一、二文进水阀		
	二文弯脖喷枪手阀		
	二文翻板开度		
	N_2 捅针状态		
	汽包Ⅲ段排污阀		
	厂房外除尘主管		
	二文弯脖喷枪手阀		
	29m 各人孔		
	重力、弯头防爆膜		
	烟道Ⅱ段清理门		
	冷却水进、出口阀		

续附表 3-3

项 目	内 容	状 态	确认人
45m 平台区域	汽包主汽阀气动阀		
	汽包主汽阀前手阀		
	汽包主汽阀后手阀		
	汽包主汽阀旁通阀		
	汽包主汽阀疏水阀		
	汽包安全阀		
	汽包放散阀		
	汽包定期排污阀		
	汽包连续排污阀		
	汽包紧急排污阀		
	汽包给水阀总阀		
	汽包给水阀气动阀 A 阀		
	汽包给水阀气动阀 A 阀前手阀		
	汽包给水阀气动阀 A 阀后手阀		
	汽包给水阀气动阀 B 阀		
	汽包给水阀气动阀 B 阀前手阀		
	汽包给水阀气动阀 B 阀后手阀		
	汽包加药阀		
	汽包备用补水阀		

附录4　120t 转炉开炉确认表

附表 3-4　120t 转炉开炉确认表　　　　年　月　日

项　目	内　容	标准状态	现有实际状态	机械人员确认	电气人员确认	工艺人员确认	负责人
倾动系统	倾动电机	运行无杂声，运行电流小于250A					
	一次、二次减速机	转动平稳，无异声					
	制动器	制动准确可靠					
	转炉倾动	平稳、无晃动					
	主控室操作台控制	指示正常，动作可靠					
	装料侧、出钢侧、出渣侧操作台控制	指示正常，操作可靠					
	各连锁控制功能	功能正常，连锁可靠					
	稀油润滑	压力 0.6MPa、油温35 ~45℃					
氧枪系统	枪　体	对正、无偏移					
	氧枪升降	顺畅、无卡阻，运行电流小于额定电流					
	钢丝绳张力	张力正常值4700kg，提枪最大值 5000kg，降枪最小值 250kg					
	钢丝绳张力传感器	灵敏、准确、可靠					
	氧枪防跌落装置	摩擦板与轨道面间隙为 ±0.1mm					
	氧枪枪位	标定正确，显示灵敏					

续附表 3-4

项　目	内　容	标准状态	现有实际状态	机械人员确认	电气人员确认	工艺人员确认	负责人
氧枪系统	各连锁控制功能	功能正常，连锁可靠					
	横移台车运行	减速机转动平稳，无异声					
	横移限位	动作可靠					
	电液推杆锁定功能	运行平稳，能正确定位					
	UPS 电源	正常可靠					
	主控室操作台控制	指示正常，操作可靠					
	HMI 上各操作方式	指示正常，操作可靠					
	机旁操作控制	指示正常，操作可靠					
转炉投料	各电动振动给料机	控制可靠，工作正常					
	各电动振动给料机	控制可靠，工作正常					
	电动推杆	工作正常，控制可靠					
	氮气密封阀	开关灵活可靠					
	各密封闸门	转动平稳，无卡阻					
	各排料闸门开、闭	灵活、可靠					
	高位料仓料位	灵敏、准确					
	各称量斗称量	指示准确、可靠					
	系统各连锁控制	功能正常，连锁可靠					
	HMI 上各操作方式	指示正常，操作可靠					
	投料	料在料管内运行无卡、堵现象					

续附表3-4

项　目	内　容	标准状态	现有实际状态	机械人员确认	电气人员确认	工艺人员确认	负责人
钢包投料	各电动振动给料机	控制可靠，动作正常					
	称量斗称量	指示准确、可靠					
	料仓料位显示	灵敏准确、可靠					
	旋转溜槽控制	转动平稳，无卡阻					
	系统各连锁控制	连锁可靠					
	HMI上各操作方式	指示正常，操作可靠					
	投料	料在料管内运行无卡、堵现象					
	投料	料在料管内运行无卡、堵现象					
副枪系统	枪体	对正、无偏移					
	副枪升降	顺畅、无卡阻，升降限位可靠					
	传动钢丝绳张力	正常、无松动					
	钢丝绳张力传感器	工作、指示正常					
	副枪旋转	运行平稳、可靠，旋转限位可靠					
	探头连接	动作顺畅，定位准确、可靠					
	探头拔取	动作顺畅、可靠					
	刮渣器、密封帽	工作正常，控制可靠					
	系统各连锁控制	功能可靠					
	UPS电源	正常投用					

续附表 3-4

项　目	内　容	标准状态	现有实际状态	机械人员确认	电气人员确认	工艺人员确认	负责人
副枪系统	HMI 上各操作方式	指示正常，操作可靠					
	主控室 A 盘	控制灵敏可靠					
	现场 B 盘、C 盘、D 盘、E 盘	控制灵敏可靠					
转炉底吹系统	转炉砌筑完成后，确认吹通	气体畅通无阻					
	底吹 N_2/Ar 压力	总管压力不小于 1.0MPa					
	底吹 N_2/Ar 切换	各阀门开闭动作灵敏可靠					
	HMI 上流量、压力	显示正常可靠					
	阀门站各阀门	开闭灵敏可靠					
	HMI 上各操作方式	控制可靠					
氧枪氧气、氮气、冷却水；副枪冷却水及炉体冷却水	氧气回路	通氧试氧完毕，无泄漏					
	阀门站各阀门	开关、调节灵活可靠					
	氧气总管压力	压力不小于 1.2MPa，指示正常					
	氮气回路	通氮试氮完毕，无泄漏					
	阀门站各阀门	开关、调节灵活可靠					
	氮气总管压力	压力不小于 1.2MPa，指示正常					
	冷却水回路	通水试水完毕，无泄漏					
	冷却水回路各阀门	开关灵活可靠					

续附表3-4

项　目	内　容	标准状态	现有实际状态	机械人员确认	电气人员确认	工艺人员确认	负责人
氧枪氧气、氮气、冷却水；副枪冷却水及炉体冷却水	进回水流量、压力、温度	进水流量175m^3/h，压力1.2MPa，进回水流量差小于5m^3/h，进水温度不大于35℃，开新炉回水温度不大于50℃					
	副枪进回水流量、压力、温度正常	流量50m^3/h，压力大于1.0MPa					
		入口温度不大于40℃					
	炉体冷却水进回水	进水流量200 m^3/h，压力0.6MPa					
		进水温度不大于35℃，回水温度不大于60℃					
钢水罐底吹氩	钢包车氩气快速接头	连接可靠，管路无泄漏					
	氩气切断阀、调节阀	开关灵活，无泄漏					
	吹氩管连接和压力调节	无泄漏，压力调节可靠					
	氩气压力不小于0.6MPa	指示正常					
炉前、炉后挡火门、主控室卷帘门	开关	开关灵活，无卡阻，限位可靠					
	火焰观察窗	开关灵活					
	测温取样窗	开关灵活					

续附表 3-4

项　目	内　容	标准状态	现有实际状态	机械人员确认	电气人员确认	工艺人员确认	负责人
炉前、炉后挡火门、主控室卷帘门	开关	开关灵活，无卡阻，限位可靠					
	限位	可靠					
	开关	提升系统运转平稳，无卡阻现象					
	限位	灵活可靠					
	HMI 和机旁控制	灵活可靠					
活动烟罩	升降	升降平稳					
	限位	限位可靠					
	连锁功能	控制可靠					
挡渣机	运转	正常					
钢包车及烤包器	行走	控制灵活，传动系统运行平稳，无卡阻					
	包盖升降	升降灵活，无钢丝绳脱槽、断股					
	包盖	耐火材料无脱落					
	管路	试气完毕，无泄漏					
	自动点火控制	可靠					
测温取样设备	测温取样装置	升降灵活，限位可靠					
	温度显示仪	测试准确，指示正常					
	补偿导线与测温枪、温度显示仪表连接良好	接触良好，无松动					

续附表 3-4

项 目	内 容	标准状态	现有实际状态	机械人员确认	电气人员确认	工艺人员确认	负责人
设备用氮气、压缩空气	活动烟罩氮封	压力0.2～0.6MPa					
	氧枪口、副枪口氮封	压力 0.2 ～ 0.6 MPa					
	投料口处氮封	压力 0.2 ～ 0.6 MPa					
	副枪枪体用氮气	流量 $3m^3/h$					
	副枪 APC 系统用氮气	压力不小于 0.6 MPa					
	挡渣机用氮气	压力不小于 0.5 MPa					
	风动送样用压缩空气	压力不小于 0.6 MPa					
	控制阀门用压缩空气	压力不小于 0.5 MPa					

附录5 120t 转炉 OG 系统开炉确认表

附表 3-5 120t 转炉 OG 系统开炉确认表 年 月 日

确认内容	标 准 要 求	确认人（工艺、设备）
水泵机组	（1）温升不超过60℃； （2）结构完整，零部件齐全，引入线绝缘良好； （3）无异常杂声，无剧烈振动，地脚螺栓紧固； （4）结构完整，零部件齐全，地脚螺栓连接牢固； （5）运行平稳，无振动、无过热、无杂声； （6）压力流量符合要求； （7）轴头无泄漏现象； （8）除污器无堵塞	
汽化烟道	（1）结构应完好，无变形现象，无漏水发生； （2）吊挂应完好无损，挂座无脱焊及斜歪现象； （3）各层排污阀灵活不卡； （4）管道完好，无损坏变形，不允许有漏水现象，管道应畅通无阻塞； （5）保护层应完好	
汽 包	（1）结构及零部件应完整无损坏； （2）管道应完好，无损坏及漏水现象； （3）水位表应安全可靠，不应有漏汽、漏水现象； （4）各阀门应灵活，无卡阻现象，无漏汽、漏水现象； （5）汽包保护层应完好	
蓄热器	（1）结构应完好，无损坏现象； （2）阀门应灵活无卡阻，无漏汽、漏水现象； （3）管道应无漏水及损坏现象； （4）水位表安全可靠，无漏水现象	

续附表 3-5

确认内容	标 准 要 求	确认人(工艺、设备)
除氧器及除氧水箱	(1) 结构应完好，零部件应齐全； (2) 各阀门应灵活无卡阻，无漏汽、漏水现象； (3) 管道应畅通，无堵塞泄漏现象； (4) 水位表准确无漏水，表面清晰可见	
定期排污扩容器	(1) 扩容器结构及零部件应完整齐全； (2) 管道应完好畅通，无堵塞泄漏现象； (3) 各阀门应完好，无卡阻、无漏水现象	
一　文	(1) 喷头完好 (3 个)，一文溢流面正常； (2) 管道应完好畅通，内壁无结垢，无堵塞泄漏现象； (3) 各阀门、人孔门应完好，无卡阻、无漏水现象	
重力脱水器	管道畅通，内壁无结垢。人孔密封无漏水现象	
二　文	(1) 喷头完好 (6 个)，紧固、喷水正常； (2) 管道应完好畅通，内壁无结垢，无堵塞泄漏现象； (3) 各阀门、人孔门应完好，无卡阻、无漏水现象	
弯头脱水器	管道畅通，内壁无结垢。人孔密封无漏水现象	
旋风脱水器	(1) 喷头完好 (3 个)，紧固、喷水正常； (2) 管道畅通，内壁无结垢。人孔密封无漏水现象	
机前电动盲板阀	法兰密封无泄漏，阀门动作灵活、无卡阻、到位，现场控制柜显示准确	

续附表 3-5

确认内容	标 准 要 求	确认人（工艺、设备）
一次风机	按正常启风机操作规定执行	
旁通阀	（1）法兰密封无泄漏，阀门动作灵活、无卡阻、到位，现场控制柜和电脑显示准确； （2）计算机和现场操作正常； （3）动作时间必须小于 8s	
三通阀	（1）法兰密封无泄漏，阀门动作灵活、无卡阻、到位，现场控制柜和电脑显示准确； （2）计算机和现场操作正常； （3）下部水封溢流正常； （4）动作时间必须小于 15s	
水逆阀	（1）法兰密封无泄漏，阀门动作灵活、无卡阻、到位，现场控制柜和电脑显示准确； （2）计算机和现场操作正常； （3）水封溢流正常； （4）动作时间必须小于 15s	
仪表及压力表	（1）仪表明亮清晰，动作可靠，指示位置准确； （2）压力表座紧固，无漏水现象； （3）压力表应明亮清晰，指针应准确可靠	
报警装置及讯号	（1）报警装置应齐全可靠，发出讯号应准确； （2）讯号显示应完整无误，灯光齐全无损，反应要准确可靠	
阀　门	（1）零部件齐全完好，连接紧固； （2）开关灵活，使用可靠； （3）密封良好，无泄漏现象	
画　面	各点显示在正常范围内，阀门动作与现场一致、画面显示准确	
OG 连锁	按连锁试车表执行	

转炉冶炼护炉技术

* *

转炉的炼钢工艺有五大制度：装入制度、供氧制度、造渣制度、温度制度、终点控制及脱氧合金化制度。转炉冶炼过程就是五大工艺制度执行过程。通常认为，材质是基础、砌筑是保障、冶炼是关键、维护是手段。这五大制度执行得好坏，对冶炼过程控制、钢种质量、炉衬寿命都有很大影响。

4.1 装入制度

4.1.1 装入制度内容及依据

装入制度就是确定转炉合理的装入量，合适的铁水废钢比。转炉的装入量是指主原料的装入数量，它包括铁水、废钢和生铁块。

在确定合理的装入量时，必须考虑以下因素：

(1) 合适的炉容比。新转炉砌砖后的容积称为转炉的工作容积，它与公称吨位有一定的关系。以 $V(m^3)$ 表示转炉的工作容积，以 T(t)表示公称吨位，两者的比值 $V/T(m^3/t)$ 称为炉容比。一定公称吨位的转炉，要有一个合适的炉容比，即保证炉内有足够的冶炼空间，从而能获得较好的技术经济指标和劳动条件。炉容比过大，会增加设备重量、厂房高度和耐火材料的消耗，因而使整个车间的投资增加，成本提高，对钢的质量也有不良影响；而炉容比过小，炉内没有足够的反应空间，势必引起喷溅，对炉衬的冲刷加剧，操作恶化，导致金属消耗增高、炉衬寿命降低，不利于提高生产率。因此，在生产过程中应保持设计时确定的炉容比。影响炉容比的因素有：

1）铁水比和铁水成分。

2）供氧强度。

3）冷却剂的种类。

炉容比还与氧枪喷嘴结构有关。目前，我国设计部门推荐的新转炉的炉容比为 0.85 ~ 1.0 m^3/t，小型转炉炉容比近上限，大型转炉近下限。

（2）合适的熔池深度。确定装入量除了考虑转炉要有合适的炉容比外，还应保持合适的熔池深度，避免炉底受氧气流股的冲击。为此，熔池的深度必须大于氧气流股对熔池的最大穿透深度。

4.1.2 装入制度类型

氧气转炉的装入制度有定量装入制度、定深装入制度和分阶段定量装入制度。其中，定深装入制度即每炉熔池深度保持不变，由于生产组织困难，现已不使用。定量装入制度和分阶段定量装入制度在国内外得到广泛应用，分别介绍如下：

（1）定量装入制度。定量装入制度就是在整个炉役期间，每炉的装入量保持不变。这种装入制度的优点是：生产组织简便，操作稳定，有利于实现过程自动控制。但炉役前期熔池深、后期熔池变浅，不适合小型转炉。由于国内普遍采用溅渣护炉技术，炉型变化不明显，中型转炉也可采用定量装入制度。国内外大型转炉均用定量装入制度。

（2）分阶段定量装入制度。在一个炉役期间，按炉膛扩大的程度划分为几个阶段，每个阶段定量装入。这样大体上使整个炉役具有比较合适的炉容比和熔池深度，又保持了各个阶段装入量的相对稳定，既能增加装入量，又便于组织生产，这是适应性较强的一种装入制度。

4.1.3 装入操作

执行装入操作应注意以下几点：

（1）铁水、废钢的装入顺序。

1）先兑铁水后装废钢。这种装入顺序可以避免废钢直接撞击炉衬，若炉内留有液态残渣，兑铁水易发生喷溅。

2）先装废钢后兑铁水。这种装入顺序废钢直接撞击炉衬，目前国内各厂普遍采用溅渣护炉技术，先装废钢可防止兑铁喷溅；还有利于废钢中水分的蒸发、废钢中有机物的挥发，有利于降低烟尘的排放，减少对环境的污染。但补炉后的第一炉钢可先兑铁水后加废钢。

（2）准确控制铁水与废钢比。准确控制铁水和废钢装入数量，称量设备要准确可靠；并经常校验。增加废钢比可以减少铁水量、减少渣料和氧气消耗，各厂应根据钢种质量要求、热量平衡和成本确定合理的铁水废钢比。

4.1.4 装入操作对转炉护炉的影响

4.1.4.1 装入量的影响

实践证明，每座转炉都必须有个合适的装入量，装入量过大或过小都不能得到好的技术经济指标。若装入量过大，将导致吹炼过程的严重喷溅，造渣困难，冶炼时间延长，吹损增加，对炉衬冲刷加剧，炉衬寿命降低。装入量过小，不仅产量下降；由于装入量少，熔池变浅。若控制不当，在顶底气流的共同作用下，炉底过早损坏，甚至烧穿，进而造成漏钢事故。

4.1.4.2 合适的铁水废钢比

合理的铁水废钢比应根据钢种质量要求、热量平衡和成本来确定。正常情况下，废钢应小于总装入量 30%，铁水应大于总装入量

70%。废钢比过大，冶炼过程温度低，会造成终点废钢未完全熔化，后吹次数增多，钢水氧化性增强，对炉衬侵蚀加剧，炉衬寿命降低。

4.1.5 某厂装入制度实例

某厂装入制度见表4-1。需要强调的是：

（1）废钢加入量视冶炼钢种情况而定，根据碳温协调情况调整铁水、废钢加入量。当班炉长可视铁水状况及冶炼钢种对废钢装入量做适当调整。

（2）加入顺序：先加废钢后兑铁水，视废钢情况可加入2t左右石灰，减轻废钢对炉衬的冲击。

（3）装入量偏差不超过±2t。特殊情况，炉长可视生产需要对装入量作适量调整，以保证炉机匹配。

（4）遇特殊要求，按钢种计划装入。

（5）组织冶炼回炉钢时，原则上每次不得超过50t回炉钢水，回炉钢水超过总装入量的30%时不加废钢。

（6）有冶炼计划，若出现回炉钢时，原则上应无条件优先组织回炉钢的冶炼。

（7）开新炉前三炉一般不加废钢，采用全铁水冶炼。

表4-1 某厂装入制度

项　目	炉容量/t				
	80		120		
炉龄/炉	1~10	>10	1~3	4~50	>50
金属装入量/t	90±2	98±2	135	135~150	140~160
出钢量/t	80±2	88±2	120	120~135	127~146

4.2 供氧制度

为完成脱碳、脱磷、硅锰氧化等反应，炼钢过程必须供氧。转炉的顶吹供氧制度就是使氧气射流最合理地供给熔池，创造良好的物理化学反应条件。它是控制整个吹炼过程的中心环节，直接影响吹炼效果和钢的质量。供氧是保证杂质去除速度、熔池升温速度、造渣速度、控制喷溅和去除钢中气体与夹杂物的关键操作。此外，它还关系到终点碳和温度的控制，影响炉龄；对转炉强化冶炼、扩大钢的品种和提高质量也有重要影响。因此，供氧制度的主要内容包括确定合理的喷头结构、供氧强度、氧压和枪位控制。

4.2.1 氧枪

熔池供氧的主要设备是氧枪。氧枪由喷头（图4-1）和枪身两部分组成，并通冷却水冷却。由于动能与速度的平方成正比，因此，超声速氧气射流具有很大的动能。只有当动能大到一定数值后，才能对熔池中金属液起到良好的乳化、搅拌作用。因此，氧气顶吹转炉炼钢必须使用超声速氧气射流。转炉炼钢喷头的作用是将氧气的压力能转换为动能，形成超声速氧流。

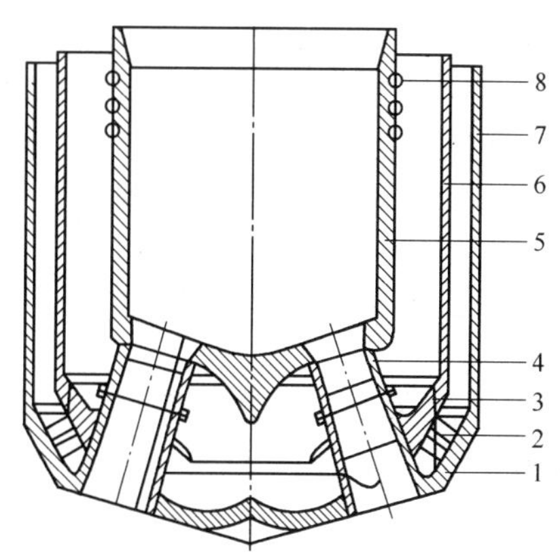

图4-1 氧枪喷头

1—喷头底部；2—定位块；3—分水盘；4—喉管；
5—喷头上部；6—中管；7—外管；8—O形密封圈

马赫数（Ma）是指气体的流速（v）与出口条件下声速（a）之比，即 $Ma = v/a$。

马赫数过大，则喷溅大，热损失加大，增大渣料消耗及金属损失，而且转炉炉衬易损坏；马赫数过低，会造成搅拌作用减弱，氧气利用系数降低，渣中 FeO 含量增加，也会引起喷溅。目前，国内推荐 $Ma = 1.9 \sim 2.1$。

根据喷嘴的孔数可以分为单孔喷嘴和多孔喷嘴。多孔喷嘴有三孔、四孔、五孔、六孔、七孔等。单孔、三孔拉瓦尔型喷嘴转炉已经很少使用，80t 以上转炉均采用四孔及四孔以上喷嘴。

4.2.2 供氧

4.2.2.1 熔池内氧的来源

炼钢熔池内氧来源于两个方面：一方面是供入的高压氧流和炉气中的氧化性气体，以 O_2、CO_2、H_2O 等形式存在；另一方面是固体氧化剂，如矿石及废钢中的铁锈，以 Fe_2O_3、Fe_3O_4 等形式存在。

4.2.2.2 直接传氧和间接传氧

从传氧方式看，氧气转炉内存在着直接传氧与间接传氧。氧气转炉传氧以间接传氧为主。

4.2.2.3 炼钢传氧载体

分解压不同是传氧的热力学条件，要加快传氧速度，需要动力学条件。其传氧载体有以下几种：

（1）金属液滴传氧；

（2）乳浊液传氧；

（3）熔渣传氧；

（4）铁矿石传氧。

加入的铁矿石主要成分是 Fe_2O_3、Fe_3O_4，在炉内吸热分解，也是熔池氧的传递者。氧气转炉主要靠金属液滴和乳化液传氧，所以冶炼速度快，时间短。

4.2.2.4 金属液中锰、硅含量的变化规律

通过以上的分析以及炼钢实际，炉内成分变化如图 4-2 所示。碱性操作条件下，冶炼初期硅、锰氧化，冶炼中后期锰被还原，冶炼终了硅含量为“痕迹”。

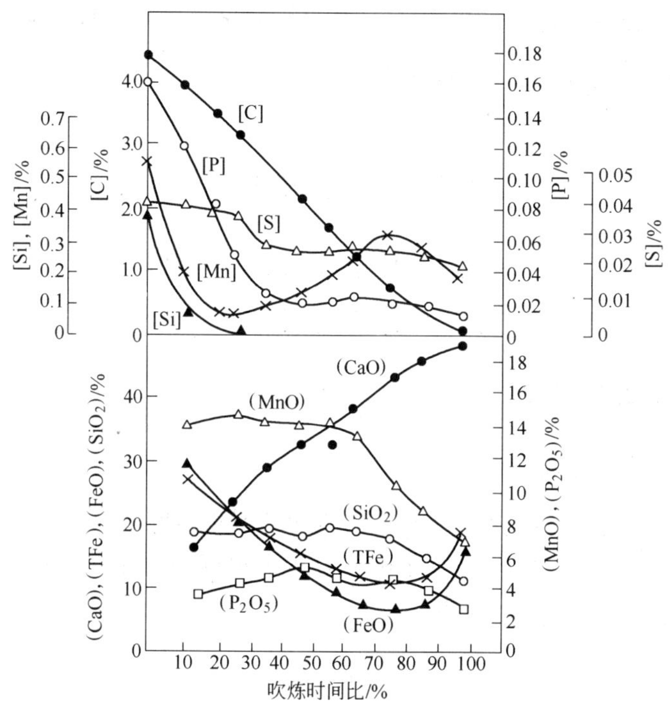

图 4-2 转炉吹炼过程金属、炉渣成分变化情况

4.2.2.5 碳氧反应

A 碳氧反应的作用

炼钢的重要任务之一是脱碳，但炼钢过程中碳氧反应不仅完成脱碳任务，而且碳氧反应产物 CO 的排出还能起到以下作用：加大钢渣界面，加速物理化学反应；搅动熔池，均匀成分和温度；有利于

非金属夹杂物的上浮和有害气体的排出；有利于熔渣的形成；放热升温。但爆发性的碳氧反应会造成喷溅。可见，碳氧反应对炼钢任务的完成起到非常重要的作用。

B 碳氧反应方程式

碳氧反应是转炉炼钢的主要热源，其产物90%是CO，也有少量的CO_2。碳氧反应中，与O_2反应是直接氧化；与渣中FeO反应是间接氧化，以此为主，是吸热反应。

碳氧反应方程式为：

$$[C]+\frac{1}{2}\{O_2\}=\!=\!=\{CO\}$$

$$[C]+(FeO)=\!=\!=\{CO\}+[Fe]$$

$$[C]+[O]=\!=\!=\{CO\}$$

4.2.2.6 供氧制度中的几个工艺参数

A 氧气流量

氧气流量（Q）简称氧流量，是指在单位时间（t）内向熔池供氧的数量（V），常用作标准状态下的体积量度，其单位是m^3/min（标态）或m^3/h（标态），即：

$$Q=V/t$$

式中 Q——氧气流量（标态），m^3/min或m^3/h；

V——1炉钢的氧耗量（标态），m^3；

t——1炉钢吹炼时间，min或h。

当出口马赫数确定后，氧流量只与喉口面积有关，一旦喉口面积确定，氧流量也就确定了。氧流量过大，就会使化渣、脱碳失去平衡引发喷溅。氧流量过小，会延长吹炼时间，降低生产率。对于不同转炉吨位、原材料条件要确定合理的氧流量控制范围。

B 吨金属氧耗量

吹炼一吨金属料所需要的氧气量可以通过计算求出来。其步骤是：首先计算出熔池各元素氧化所需氧气量和其他氧耗量；然后再减去铁矿石或氧化铁皮带给熔池的氧量。

C 供氧强度

供氧强度（I）是单位时间内每吨钢的氧耗量，它的单位是 $m^3/(t\cdot min)$（标态），可由下式确定：

$$I = Q/T$$

式中 I——供氧强度（标态），$m^3/(t\cdot min)$；

Q——氧气流量（标态），m^3/min；

T——平均出钢量，t。

D 供氧时间

供氧时间是根据经验确定的，参考已投产同吨位转炉的数据，即根据转炉吨位大小、原料条件、造渣制度、吹炼钢种等情况来综合确定。

4.2.3 氧压

炼钢操作氧压是测定点的氧压，以 $p_{用}$ 表示。喷孔前的氧压用 p_0 表示，出口氧压用 $p_{出}$ 表示（图 4-3）。喷孔最佳操作氧压应等于或

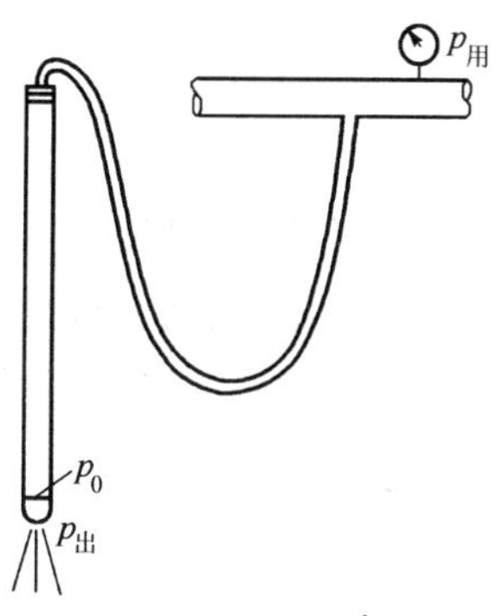

图 4-3 氧枪氧压测定示意图

稍大于设计氧压，绝对不能在低于设计氧压下吹炼。

4.2.4 枪位

喷嘴的结构和尺寸确定以后，在氧压和流量一定的条件下，枪位也是吹炼工艺的一个重要参数。在实际生产中，可以通过变动枪位、改变喷嘴与熔池液面间的距离，或者调节氧压大小来调节氧流、熔渣、金属液三者的相对运动状态，以达到控制炉内反应的目的。

4.2.4.1 枪位的确定

确定合适的枪位要考虑两个因素：一要有一定的冲击面积；二要在保证炉底不被损坏的条件下，有一定的冲击深度。

枪位是以喷头端面与平静熔池面的距离来量度。枪位（H, mm）与喷嘴喉口直径（$d_{喉}$, mm）关系可参考以下经验公式确定：

$$H = (35 \sim 50)d_{喉}$$

根据生产中的实际吹炼效果再加以调整。通常冲击深度 L 与熔池深度 H 之比为 $L/H = 0.5 \sim 0.75$ 左右。当 $L/H < 0.4$ 时，冲击深度过浅，脱碳速度和氧气利用率降低；当 $L/H > 0.75$ 时，冲击深度过深，易损坏炉底，造成严重喷溅。

4.2.4.2 氧枪枪位对熔池搅动、渣中 FeO 含量、熔池温度的影响

A 枪位与熔池搅拌的关系

枪位低即“硬吹”，氧流对熔池的冲击力大，冲击深度深，氧气—熔渣—金属乳化充分，炉内的化学反应速度快，特别是脱碳速度加快，大量 CO 气泡的排出，使熔池得到充分的搅动，同时降低了熔渣中 FeO 含量，但长时间的“硬吹”炉渣容易“返干”，

枪位高即“软吹”，氧流对熔池的冲击力减小，冲击深度变浅，反射流股的数量增多，冲击面积加大，加强了对熔池液面的搅动；枪位过高或者氧压很低的吹炼，氧流的动能低到根本不能吹开熔池

液面，只是从表面掠过，这叫“吊吹”。吊吹会使渣中 FeO 积聚，易产生爆发性喷溅，应严禁“吊吹”。合理调整枪位可以调节熔池液面和内部的搅拌作用。如果短时间内高、低枪位交替操作，还有利于消除炉液面上可能出现的“死角”，消除渣料成坨，加快成渣。

B 枪位与渣中 FeO 含量的关系

枪位不仅影响着 FeO 的生成速度，同时也关系着 FeO 的消耗速度。当枪位低到一定的程度，或长时间使用某一低枪位吹炼时，熔池内脱碳速度快，渣中 FeO 的消耗数量也多，因此熔渣中 FeO 的含量会减少，导致熔池返干，进而引起金属喷溅。高枪位吹炼熔池内的脱碳速度减缓，搅拌作用减弱，熔渣 FeO 积聚，提高了 FeO 含量，有利于化渣；长时间高枪位吹炼也会引起喷溅。

在吹炼的不同阶段，根据任务的需要，通过枪位的改变控制渣中 FeO 含量。吹炼初期要求稍高枪位操作，渣中 FeO 含量高些可及早形成初期渣脱除磷、硫；吹炼中期，适当地调节枪位，控制合适 FeO 含量以防喷溅；吹炼后期最好降低枪位以降低渣中 FeO 含量，提高钢水收得率。

C 枪位与熔池温度的关系

枪位对熔池温度的影响是通过炉内化学反应速度来体现的。低枪位操作，氧气、渣、金属液乳化充分，接触密切，化学反应速度快，熔池搅拌力强，升温速度快；吹炼时间短，热损失相对减少，炉温较高。高枪位操作，熔池搅拌力弱，反应速度减慢，因而熔池升温速度也缓慢，延长吹炼时间，热损失部分相对增多，温度偏低。

4.2.4.3 冶炼枪位的确定

确定合适的枪位应考虑以下因素：

（1）铁水成分。若硅含量高，渣量大，易喷溅，枪位不要过高；铁水锰含量高，枪位可以低些；铁水磷、硫含量高时，应尽快成渣去磷、硫，枪位可适当高些；废钢中生铁块多，导热性差，不易熔化，应降低枪位。

（2）铁水温度。遇到铁水温度偏低时，可先开氧吹炼后加头批料，即“低枪点火”；铁水温度高时，碳氧反应会提前进行，渣中FeO含量降低，枪位可以稍高些，以利于成渣。

（3）装入量。超装量多，熔池液面升高，应适当提高枪位。

（4）炉龄。开新炉，炉温低，适当降低枪位；炉役前期液面高，可适当提高枪位；炉役后期熔池液面降低，面积增大，可在短时间内采用高、低枪位交替操作以加强熔池搅拌，以利于成渣。应用溅渣护炉技术后，有时炉底上涨，因此要在测量熔池液面后，确定吹炼枪位。

（5）渣料。石灰量多，又加了调渣剂，枪位应稍高些，有利于石灰和调渣剂的渣化。使用活性石灰成渣较快，整个过程的枪位都可以稍低些。

4.2.4.4 定流量变枪操作的几种模式

由于各厂的转炉吨位、喷嘴结构、原材料条件及所炼钢种等情况不同，氧枪操作也不完全一样。现介绍以下几种顶吹氧枪操作方式：

（1）高—低—高—低枪位操作（图4-4）。

开吹枪位较高，以及早形成初期渣；二批料加入后适时降枪，吹炼中期炉渣返干时又提枪化渣；吹炼后期先提枪化渣后降枪；终点拉碳出钢。大型转炉若原材料条件相对稳定，可根据日常操作按

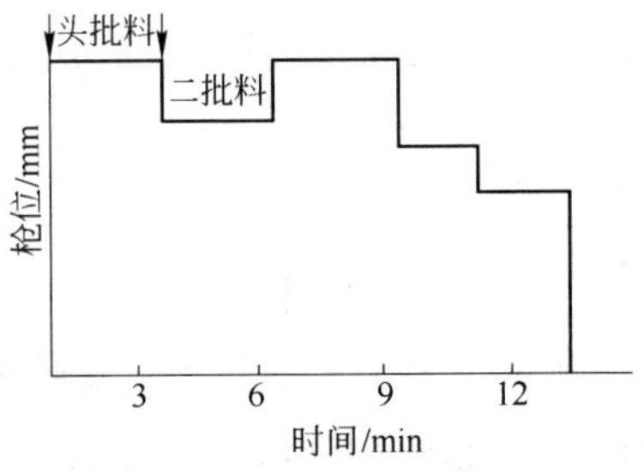

图4-4 高—低—高—低枪位操作

氧耗量或供氧时间与化渣效果关系总结的规律，自动调节枪位。

（2）高—低—低的枪位操作（图4-5）。

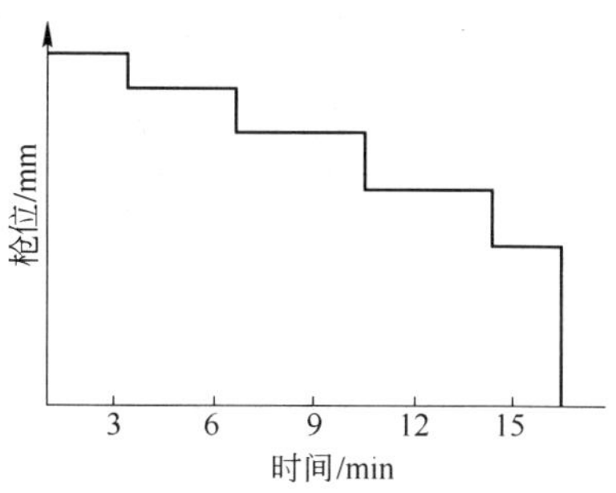

图4-5 高—低—低的枪位操作

开吹枪位较高，尽快形成初期渣；吹炼过程枪位逐渐降低，吹炼中期加入适量助熔剂调整熔渣流动性，终点拉碳出钢，恒枪位操作，从开吹到终点拉碳，枪位变化不大。

4.2.5 供氧操作对护炉的影响

当氧压、供氧强度、流量、时间等参数确定后，氧枪枪位对炉况的影响将至关重要。

前期炉炉膛小，枪位波动大熔池反应剧烈，易发生喷溅，炉衬冲刷严重，金属损失大；后期炉膛大，若不及时压枪，炉内TFe聚集，终渣较稀，氧化性强，吹损大，溅渣层不耐冲刷，炉衬侵蚀加快，金属收得率降低。因此，枪位的准确及冶炼过程枪位的控制对炉况的维护非常重要。

某厂转炉开新炉后测枪位为900mm，炉役期间操作人员枪位控制过高，终点降枪不及时，终渣TFe含量始终维持20%以上，未能及时调整终渣MgO，致使溅渣层不耐冲刷，炉衬侵蚀加剧。在7000炉左右时，转炉装料面最薄处只有150mm的工作层，不久就发生漏钢事故，从而提前结束炉役。

4.2.6 某厂供氧制度实例

某厂供氧参数见表4-2，其供氧制度的执行情况如下：

表4-2 某厂供氧参数

项目	炉容量/t				
	80		120		
炉龄/炉	1~50	>50	2~5	6~150	>150
流量(标态)/$m^3 \cdot h^{-1}$	16000~18500	16500~20000	27000~28000	28000~29000	29000~34000
枪位/mm	1200~1700	1000~1700	1500~1700	1400~2000	1400~2000

(1) 氧气压力和枪位：

1) 总管氧压低于1.0MPa不得吹炼，工作氧压低于0.7MPa不得吹炼。

2) 冶炼不同钢种时，可模拟该钢种的吹炼控制模型进行枪位的调整和氧气流量的控制。

3) 氧气流量控制见表4-2，纯吹氧时间控制在14~16min之间。

4) 终点拉碳前必须有至少2min的低枪位操作，以均匀钢水成分、温度和降低炉渣氧化性。

(2) 供氧量的确定：

1) 参考的吨钢耗氧量(标态)为50~55m^3。

2) 冷却剂换算氧气量（标态）为每吨铁矿石相当氧气量约200m^3。

3) 供氧量取决于铁水成分、废钢配比、停吹碳含量、冷却剂用量、枪位变化等因素。

(3) 氧枪喷头管理标准。氧枪喷头的状况是吹炼稳定的关键之一，氧枪喷头随使用次数增加，性能逐渐劣化，必须加强管理。氧枪更换标准如下：

1) 使用超过300次；

2）漏水粘冷钢；

3）枪头或喷孔磨损；

4）喷头性能劣化。

喷头性能劣化标准如下：

①喷孔出口变形不小于3mm，应更换。

②喷孔蚀损变形，冶炼指标恶化，应及时更换。

③喷头、氧枪出现渗水或漏水。

④喷头或枪身涮进不小于4mm时，应更换。

⑤喷头或枪身粘钢变粗达到一定直径，应立即更换。

（4）枪位测量：

1）人工测量。

2）开新炉前必须测量喷头端面到炉底的距离，计算基本枪位。

3）接班第一炉测量氧枪枪位，如有特殊情况不能测量，可安排第二炉测量枪位，更换氧枪或钢丝绳后应测量枪位。

4）测量枪位时，应先兑铁水，不加废钢，等测定枪位后再加废钢。

5）测量枪位时，将氧枪提出氧枪孔，把测量用的800～1000mm的8号铁丝弯曲好的一端插入氧枪喷孔之中卡住，然后指挥降枪，注意防止氧枪顶住气封口。

6）应根据上班枪位情况进行测量，确保铁丝插入液面，严防喷头进铁、进渣。氧枪停稳后，再重新将氧枪提出气封口，待停稳后，将测枪位铁丝取下，再指挥降枪，等枪头进气封口后，方可离开。

7）使用副枪TSO探头测量时，由于在副枪提起时钢渣界面温度和氧活度的急剧跃变，间接分析出了钢渣界面位置。

使用副枪应注意：供氧量占总量的82%～86%时，用副枪进行测量取样；启动副枪测量取样时，严禁加料；在副枪进行测量、取样时，同时降低氧流量至正常吹炼的60%；避免在炉渣返干或喷溅情况下使用副枪测量、取样；副枪测量、取样时的下降、上升速度自动控制；经常检查副枪、接插件有无变形及损坏。

4.3 造渣制度

氧气转炉的供氧时间仅仅十几分钟，在此期间必须形成具有一定碱度、良好流动性、合适的 FeO 和 MgO 含量、正常泡沫化的熔渣，以保证炼出合格的优质钢水，并减少对炉衬的侵蚀。

造渣制度就是要确定合适的造渣方法、渣料的加入数量和时间，以及如何快速成渣。

4.3.1 炼钢熔渣的作用

炼钢熔渣的作用是：

(1) 去除钢中的有害元素，如磷、硫；

(2) 炼钢熔渣覆盖在钢液表面，保护钢液不过分氧化、不吸收有害气体、保温、减少有益元素烧损；

(3) 吸收上浮的夹杂物及反应产物；

(4) 保证碳氧反应顺利进行；

(5) 合适的炼钢熔渣可以减少对炉衬的蚀损。

如果熔渣过于黏稠，钢渣难以分离，会降低金属收得率，增加钢中夹杂物。严重的泡沫渣会引起喷溅。

4.3.2 炼钢熔渣的来源

炼钢熔渣的来源有：

(1) 金属原料中的硅、锰、磷、铁等元素的氧化产物；

(2) 冶炼过程中加入的造渣材料；

(3) 冶炼过程中被侵蚀的炉衬耐火材料；

(4) 固体料带入的泥沙。

4.3.3 炉渣的形成

转炉的吹炼时间很短，快速成渣就成为转炉炼钢的核心问题之一。炉渣不仅要满足炼钢的要求，还应该对炉衬的侵蚀最小。因此，在吹炼过程中要遵循“初期渣早化，过程渣化透，终点渣做黏，出钢挂上粘住”的原则。

4.3.3.1 成渣过程

开吹后，各元素的氧化产物 FeO、SiO_2、MnO、Fe_2O_3 等形成了熔渣。加入的石灰块就浸泡在初期渣中，被这些氧化物包围着。这些氧化物从石灰表面向其内部渗透，并与 CaO 发生化学反应，生成一些低熔点的矿物，引起了石灰表面的渣化。这些反应不仅在石灰的外表面进行，而且也在石灰气孔的内表面进行着，石灰就是这样逐渐被渣化的。

4.3.3.2 加快石灰渣化的途径

加快石灰渣化的途径如下：

(1) 改进石灰质量，使用软烧活性石灰。这种石灰气孔率高、比表面积大，可以加快石灰的渣化。

(2) 适当改变助熔剂的成分。增加 MnO、化渣剂和少量的 MgO 成分，都有利于石灰的渣化。

(3) 提高开吹温度。前期温度高，会加快初期渣中石灰的渣化速度。以废钢为冷却剂时，是在开吹前加入，前期炉温提高较慢；如果是以矿石为冷却剂，矿石可以分批加入，有利于前期炉温的提高，也有助于前期成渣。

(4) 合适的吹炼枪位既能促进石灰的渣化，又可避免发生喷溅，就是在碳的激烈氧化期，熔渣也不会“返干”。

(5) 采用合成渣可以促进熔渣的快速形成。

4.3.4 造渣方法

根据铁水成分及吹炼钢种的要求确定造渣方法，有单渣操作、双渣操作、留渣操作等。具体介绍如下：

(1) 单渣操作。单渣操作就是在冶炼过程中只造一次渣，中途不倒渣、不扒渣，直到终点出钢。当入炉铁水硅、磷、硫含量较低，或者钢种对磷、硫要求不严格，冶炼低碳钢种，均可以采用单渣操作。

(2) 双渣操作。双渣操作是在冶炼中途倒出或扒除约 1/2 ~ 2/3 炉渣，然后加入渣料重新造渣。根据铁水成分和所炼钢种的要求，也可以多次倒渣造新渣。在入炉铁水磷、硅含量高，为防止喷溅或者吹炼低锰、低磷钢种，防止回锰等，均可以采用双渣操作。

(3) 留渣操作。留渣操作就是将上一炉终点炉渣的一部分或全部留给下一炉使用。终点炉渣的碱度高、温度高，并且有一定 TFe 含量，留到下一炉，有利于初期渣及早形成；并且能提高前期去除磷、硫的效率，尤其脱磷的效率，有利于保护炉衬，节省石灰用量。

4.3.5　渣料加入量的确定

4.3.5.1　石灰加入量的确定

根据铁水中硅、磷含量及炉渣碱度 R 来确定石灰加入量。加入矿石、贫锰矿、白云石、菱镁矿、煤块、硅石等含 SiO_2 的辅原料，都应该补加石灰。石灰加入总量应是铁水需石灰加入量与各种辅料需补加石灰量的总和。

4.3.5.2　轻烧白云石加入量的确定

加入轻烧白云石调渣，是给炉渣提供足够数量的 MgO，对提高炉龄起了很大作用。终点渣 MgO 含量一般在 8% ~14% 之间。

轻烧白云石加入的时机：轻烧白云石应早加为好，保持初期渣中 MgO≥8%，减少炉衬蚀损，加速炉渣熔化；吹炼后期或出钢后根据溅渣的要求，确定是否补加白云石调渣。

4.3.5.3 渣料加入时机

渣料的加入批量和时间对成渣速度有直接的影响。若开吹渣料一次全部加入炉内，熔池必然温度偏低，熔渣不易形成，并且还会抑制碳的氧化。所以单渣操作，渣料一般都是分两批加入。第一批渣料是总量的一半或一半以上，其余的第二批加入。如果需要调整熔渣或炉温，才有所谓第三批渣料。

正常情况下，第一批渣料是在开吹的同时加入。第二批渣料的加入时间是在硅、锰氧化基本结束，第一批渣料基本化好，碳焰初起时。第二批渣料可以一次加入，也可以分小批多次加入。分小批多次加入不会过分冷却熔池，对石灰渣化有利，也有利碳氧的均衡反应。

第二批渣料加得过早和过晚对吹炼都不利。加得过早，炉内温度低，第一批渣料还没有化好，又加冷料，熔渣就更不容易形成，有时还会造成石灰结坨，影响炉温的提高。加得过晚，正值碳的激烈氧化期，TFe 低，当第二批渣料加入后，炉温骤然降低，不仅渣料不易熔化，还抑制了碳氧反应，产生金属喷溅，当炉温再度提高后，就会产生大喷溅。所以，炉温低应适当降枪，炉温高适当提前分批加入二批料加以调节。

第三批渣料的加入时间要看炉渣化得好坏及炉温的高低而定。炉渣化得不好，可适当加入少量化渣剂进行调整。炉温较高时，可加入部分石灰或生白云石加以调整。溅渣护炉调节熔渣也有加入调渣剂（第三批料）的。但最后一小批料必须在终点拉碳前一定时间内加完，否则渣料来不及渣化就要出钢了。

如果炉渣熔化得好，泡沫渣形成快，覆盖金属液面，噪声强度小；当炉渣熔化不好时，泡沫渣不能覆盖金属液面，噪声强度大。采用音纳装置接收这种声音信息可以判断炉内炉渣熔化情况，并将信息送入计算机处理，进而指导枪位的控制。

人工判断炉渣化好的特征：炉内声音柔和，喷出物不带铁，无火花，呈片状。否则，噪声尖锐，火焰散，喷出石灰和金属粒并带火花。

4.3.6 造渣操作对护炉的影响

在吹炼过程中要遵循“初期渣早化，过程渣化透，终点渣做黏，出钢挂上粘住”的原则。

冶炼初期因硅、锰、磷、硫的氧化，渣中酸性氧化物增加，如不及时加入石灰、白云石等碱性造渣料，炉衬将会被侵蚀。当 $R=0.7$ 时，炉衬侵蚀最为严重，只有当 $R\geqslant1.2$ 时，炉衬侵蚀才逐渐降低。因此，初期渣 $R\geqslant2$，保持初期渣中 MgO ≥8%，可以加速炉渣熔化，减少炉衬蚀损。

采用溅渣护炉后，终点渣成分的控制更加重要。终渣成分决定了炉渣的耐火度和黏度。影响终渣耐火度的主要因素是 MgO、TFe 和 R。

4.3.7 某厂造渣制度实例

4.3.7.1 造渣制度的原则

早化渣、化好渣、化透渣、终渣做黏挂上，终渣碱度按 2.8 ~ 3.5 控制，终渣 MgO ≥8%，以起到保护炉衬和防止出钢回磷的作用。

4.3.7.2 石灰加入量

石灰加入量计算公式：

$$\text{石灰加入量}=\frac{R\times[(\text{Si\%})+(\text{P\%})]\times2.14\times\text{铁水装入量}}{\text{CaO\%(有效)}}$$

一般情况下采用单渣操作，特殊要求时采用双渣操作。

4.3.7.3 单渣法操作

终渣碱度要求控制在 2.8 ~ 3.5 之间，具体数值取决于钢种对终点磷、硫含量的要求，入炉铁水处理工艺，装入制度和操作工艺。碱度要求按照《钢种生产技术操作标准》。

采用分批加入的操作工艺。一般第一批渣料在开吹的同时加入，加入量为总量的2/3。第二批料在前期渣化好后分批加入，视化渣情况，在4～7min内加完。具体渣料的加入介绍如下：

（1）白云石的加入。保护炉衬，调整终渣 MgO≥8%；白云石随第一批石灰加入。

（2）矿石的加入。矿石在前期作化渣助熔剂和后期降温剂用，根据温度情况和化渣情况分批加入。除连投配料外，每批直接加入量不得超过300kg，终点前2min严禁加矿石。

（3）化渣剂的加入。化渣剂一般在炉渣返干及后期化渣不良时加入。化渣剂加入总量不低于4kg/t钢，单批量化渣剂不得大于150kg。

（4）渣料的配比及加入量必须与铁水条件、渣料质量、化渣状况、装入制度、熔池温度等密切配合。第二批料的加入应贯彻勤加少加的原则。

（5）开新炉后，第二、三炉全部采用矿石调温操作，第三炉后采用调废钢、调矿石操作。

4.3.7.4 双渣法操作

A 适用条件

对于铁水[P]≥0.15%或[Si]≥1.00%的炉次，以及某些中、高碳钢对终点碳含量有要求的钢种，采用双渣法操作（特殊要求见钢种制造标准）。

B 操作要点

前期渣按碱度2～2.5控制，在前期渣化好后（吹炼3～6min），提枪倒炉，根据情况倒掉1/2～2/3的渣，加入石灰重新造渣。

4.4 温度制度

温度制度主要是指过程温度控制和终点温度控制。

4.4.1 影响温度控制的因素

温度控制实际上就是确定冷却剂加入的数量和时间。在生产条件下影响终点温度的因素很多，必须综合考虑后，再确定冷却剂加入的数量。

影响温度控制的因素主要包括：

(1) 铁水成分。铁水中硅、磷是强发热元素，其含量过高，虽然增加热量，但也会给冶炼带来诸多问题，因此有条件应进行铁水预处理脱硅、脱磷。当硅含量增加0.1%时，可升高炉温15℃。

(2) 铁水温度。铁水温度的高低关系到带入物理热的多少，所以在其他条件不变的情况下，入炉铁水温度每升高10℃，钢水终点温度可提高6℃。

(3) 铁水装入量。铁水装入量的增加或减少，均使其物理热和化学热有所变化，若在其他条件一定的情况下，铁水比越高，终点温度也越高。

(4) 炉龄。转炉新炉衬温度低、出钢口小，因此炉役前期终点温度要比正常吹炼高20～30℃，才能获得相同的浇注温度，所以冷却剂用量要相应减少。炉役后期炉衬薄，炉口大，热损失多，除应适当减少冷却剂用量外，还应尽量缩短辅助时间。

(5) 终点碳含量。碳是转炉炼钢重要发热元素。根据某厂的经验，终点碳在0.24%以下时，每降低0.01%的碳，出钢温度也要相应升高2～3℃。因此，吹炼低碳钢时应考虑这方面的影响。

(6) 炉与炉的间隔时间。炉与炉的间隔时间越长，炉衬散热越多。在一般情况下，炉与炉的间隔时间在4～10min之间。间隔时间在10min以内，不必调整冷却剂用量；超过10min要相应减少冷却剂的用量。另外，由于补炉而空炉时，根据补炉料的用量及空炉时间，考虑减少冷却剂用量。

(7) 枪位。低枪位操作时，炉内化学反应速度加快，尤其是脱碳速度加快，供氧时间缩短，单位时间内放出的热量增加，热损失相应减少。

(8) 喷溅。喷溅会增加热损失，因此对喷溅严重的炉次，要特别注意调整冷却剂的用量。

(9) 石灰用量。石灰的冷却效应与废钢相近，石灰用量大则渣量大，造成吹炼时间长，影响终点温度。所以，当石灰用量过大时，也要相应调整冷却剂用量。

4.4.2 温度控制对护炉的影响

经验炼钢往往对冶炼过程温度判断不准确，造渣料、冷却剂加入不当，影响终点控制，导致过氧化、高温钢出现比例增多，炉衬侵蚀严重。总之，控制好冶炼过程温度，转炉炉衬及溅渣层就能得到较好的保护。

4.4.3 温度控制的注意事项

造渣料、冷却剂加入一定要根据铁水温度、成分，废钢比，炉口火焰，喷出物等来综合判断。当冶炼低碳系列钢种时，由于供氧强度大，前期升温快，废钢熔化快，造渣料加入过多，前期易发生泡沫性喷溅，在冶炼中后期，若不及时加入冷却剂控制熔池温度，将会发生爆发性喷溅；若加入冷却剂过多，将造成熔池温度低，废钢不熔化。两者对终点控制都会产生不利影响。因此，冶炼低碳钢时，在确保前期渣碱度和氧化镁饱和度的前提下，造渣料、冷却剂的加入应遵循小批量、多次加入的原则，炉温可根据炉内渣熔化来判断。如中后期返干时间长，炉温偏高，适当增加冷却剂用量，发现炉内渣开始化开，及时调整枪位，可以得到较好的一倒温度；中后期返干时间短，炉温不高，这时要及时压低枪位，加强熔池搅拌，也能较好控制终点温度。当冶炼中高碳系列钢种时，由于供氧强度小，前期升温慢，废钢熔化慢，可以采用留渣操作，加快前期渣的熔解，以利于前期脱磷。若采用双渣法，重新造渣后，由于 TFe 含量降低，返干时间较长，可适当提高枪位加入铁矿石、氧化铁皮来增加 TFe 含量促进化渣，待渣熔解后要及时控制枪位，加强熔池搅拌，可以得到较好的一倒温度和成分。

4.4.4　某厂温度制度实例

某厂温度制度的执行情况如下：

（1）温度控制的原则。根据铁水成分和出钢温度的要求确定废钢加入量，做好过程温度控制，确保终点及到精炼站的温度。

（2）出钢温度的调整：

1）开新炉第一炉提高 30～50℃；

2）根据所报罐况适当调整出钢温度。

（3）各种因素对终点温度的影响（表 4-3）。

表 4-3　各种因素对终点温度影响的参数

80t 转炉						
影响因素	矿石量	铁水硅含量	铁水温度	铁水量	终点碳含量	废钢量
变化值	100kg	0.1%	10℃	1000kg	0.01%	100kg
温度变化/℃	5	10～15	6	4	2	1.5
120t 转炉						
影响因素	废钢量	矿石量	石灰量	轻烧白云石量	铁水硅含量	生铁块量
变化值	100kg	100kg	100kg	100kg	0.1%	100kg
温度变化/℃	0.95	3.1	1.7	2.0	18	0.6

（4）终点温度的确定：

终点温度＝液相线温度＋标准温度＋校正温度

标准温度确定流程如图 4-6 所示。

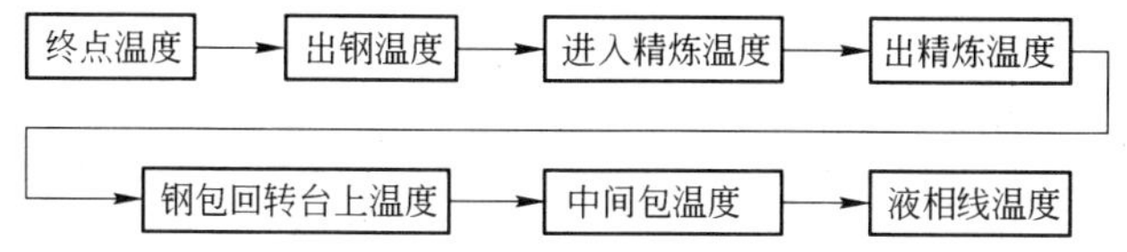

图4-6 标准温度确定流程

(5) 出钢温降计算:

1) 出钢过程钢包吸热、出钢散热、镇静温降等因素取25℃;

2) 出钢过程中加入合金、渣料造成的温降见表4-4(仅供参考)。

表4-4 出钢过程温降

所有钢种	ΔT/℃(每加入1kg/t钢)
Fe-Si	0.7
Fe-Mn-Si	-1.7
高碳 Fe-Mn	-2.7
低碳 Fe-Mn	-2.2
Fe-P	-1.5
铜	-2
Fe-Ti	-2
Fe-Mn	-1.4
低碳 Fe-Cr	-2.2
高碳 Fe-Cr	-2.4
增碳剂	2.3
废 钢	-1.7
铝	15
镍	-1.7
石 灰	-3.1

(6) 停吹后等待的温降以2.5℃/min考虑。

(7) 校正温度的方法。

1) 校正温度指由于A~D因素带来的温降:

A——钢包状况校正；

B——出钢口状况校正；

C——连浇第一炉校正；

D——连铸机拉钢速度变化校正。

2）校正温度参考值（仅供参考）：

A——钢包状况未烘烤、修补包出钢温度提高 10 ~ 15℃；

B——新换出钢口前两炉出钢温度提高 10℃；

C——连浇第一炉出钢温度提高 15℃；

D——连铸机拉钢速度变化需根据工序协调调整转炉终点温度。

（8）过程温度控制：

1）采用定废钢、调矿石（铁皮）的冷却制度；

2）控制好过程温度平稳上升，合理控制冷却剂的加入；

3）各种原材料变化对终点温度的影响（仅供参考）；

4）各种冷却剂的冷却效应换算值（如果规定废钢的冷却效应值为 1.0，其他冷却剂冷却效应值与废钢冷却效应值的比值为冷却效应换算值）见表 4-5（仅供参考）。

表 4-5 各种冷却剂的冷却效果比较

冷却剂	废钢	石灰	矿石	铁皮	生铁块	石灰石	返回渣	化渣剂	轻烧白云石
温降/℃	1.0	1.8	3.0 ~ 3.5	2.5 ~ 3.0	0.4 ~ 0.6	2.6 ~ 3.0	1.3	1.6	2.1

4.5 终点控制

终点控制就是指终点温度和成分的控制。

4.5.1 终点目标控制

转炉兑入铁水后，通过供氧、造渣操作，经过一系列物理化学反应，钢水达到了所炼钢种成分和温度要求的时刻，称为终点。到

达终点的具体标志是:

(1) 钢中碳含量达到终点目标的控制范围;

(2) 钢中磷、硫含量达到终点控制的要求;

(3) 出钢温度达到终点目标。

未达到控制的目标值需要进行补吹，补吹也称为后吹。后吹会产生以下严重危害:

(1) 钢水碳含量降低，钢中氧含量升高，从而使钢中夹杂物增多，降低了钢水纯净度，影响钢的质量;

(2) 渣中 TFe 增高，降低炉衬寿命;

(3) 增加了金属铁的氧化,降低金属收得率,使钢铁料消耗增加;

(4) 延长了吹炼时间，降低转炉生产率;

(5) 增加了铁合金和增碳剂消耗量，氧气利用率降低，成本增加。

4.5.2 终点碳控制方法

终点碳控制的方法有一次拉碳法、增碳法和高拉补吹法。

4.5.2.1 一次拉碳法

一次拉碳法是按出钢要求的终点碳和终点温度进行吹炼，当达到要求时提枪。这种方法要求终点碳和温度同时到达目标，否则需补吹或增碳。一次拉碳法优点较多:

(1) 无后吹，终点渣 TFe 低，钢水收得率高，对炉衬侵蚀量小;

(2) 钢水中有害气体少，不加增碳剂，钢水洁净;

(3) 余锰高，合金消耗少;

(4) 氧耗量小，节约增碳剂。

但是一次拉碳法对操作技术水平要求高，操作人员技术水平不同会使钢种质量稳定性受影响，一般只适合终点碳为 0.08% ~ 0.20% 的控制范围。

4.5.2.2 增碳法

增碳法有低拉碳操作和高拉碳操作。具体介绍如下：

（1）低拉碳操作法。除超低碳钢种外的所有钢种，终点碳均控制在0.05% ~0.08%之间，然后根据钢种规格要求加入增碳剂。

（2）高拉碳操作法。高拉碳要根据成品磷的要求，决定高拉碳范围，一般终点碳控制在0.20% ~0.40%之间。

4.5.2.3 高拉补吹法

以往冶炼中、高碳钢种时，按钢种规格稍高一些进行拉碳，待测温、取样后，根据分析结果与规格相差的程度决定补吹时间。

4.5.3 终点温度的判断

判断温度的最好办法是连续测温并自动记录熔池温度变化情况，以便准确地控制炉温，但实施比较困难。目前，最常用的是插入式热电偶并结合经验来判断终点温度。终点温度判断的方法如下：

（1）热电偶测定温度；

（2）火焰判断；

（3）取样判断；

（4）通过氧枪冷却水温度差判断；

（5）根据炉膛情况判断。

4.5.4 挡渣操作

少渣或挡渣出钢是生产高质量钢的必要手段之一，其目的是有利于准确控制钢水成分，有效地减少钢水回磷；提高合金元素收得率，减少合金消耗；有利于降低钢中夹杂物含量，提高钢包精炼效果；还有利于降低对钢包耐火材料的蚀损，同时，也提高了转炉出钢口的寿命。目前，某些炉外精炼方法要求钢包渣层厚度小于

50mm，每吨钢渣量小于3kg。

转炉出钢时对出钢口的要求：出钢口应保持一定的直径、长度和合理的角度，以维持合适的出钢时间。一般出钢时间控制在3～8min之间，大型转炉取值偏上，小型转炉取值偏下。

4.5.5 终点控制制度对护炉的影响

终点控制对转炉炉龄有着重要的影响，高温作用会使炉衬表面软化、熔融；对终点成分和温度控制不当，会造成后吹次数增加，TFe含量增加，对炉衬侵蚀加剧。因此，优化转炉冶炼工艺，提高自动化水平和终点控制的命中率，减少后吹，少出高温钢，对提高转炉炉龄有着重要意义。

4.5.6 出钢后对炉况的检查

倒炉出钢后，要求炼钢工每炉对炉子各部位进行认真的检查，检查顺序：转炉装料侧、转炉前渣线、炉帽及耳轴，同时观察炉渣情况。溅渣完毕，倒渣摇炉过程检查转炉出钢侧、转炉后渣线、炉帽及出钢口状况。炉衬各部位检查要点为：

（1）炉衬检查。工作层表面有渣层覆盖，严禁见砖冶炼，防止炉衬砖蚀损过快，降低炉衬寿命。炉衬各部位饱满，颜色均匀，若发现某区域冒火或颜色发暗、发黑，一定要仔细观察，及时安排喷补或补炉，预防漏钢事故。

（2）渣线部位检查。钢渣界面因化学反应，与炉衬结合处侵蚀较严重，所以应仔细检查。发现这些部位颜色发暗，有明显侵蚀的凹陷，要及时安排喷补或补炉。

（3）炉帽的检查。炉帽部位不能有凹坑、抽砖及内陷等情况，否则要及时安排喷补或贴补。

（4）耳轴部位检查。耳轴是炉衬中最难维护的部位，因此要特别注意检查，若发现有凹坑，要及时安排喷补，调整好溅渣枪位，提高耳轴部位溅渣层厚度。

（5）出钢口的检查。出钢口的检查一般是根据出钢时间和冶炼炉次来组织更换，炉内观察要注意内口的大小是否均匀，若局部发暗、塌料，则应组织及时更换。

（6）装料侧、出钢侧的检查。装料侧、出钢侧又称“大面”，由于长期受铁水、废钢以及钢水的冲刷，侵蚀速度最快，因此要重点检查。根据“大面”侵蚀情况，与周围炉衬砖相比，不能有凹陷或局部凹坑，否则就要及时热补。补“大面”后要注意安全，防止钢水翻腾或塌料造成人员、设备事故。

（7）炉渣的检查。出钢过程中，除了对炉衬各部位的检查，还应对炉渣进行检查，炉渣状况直接影响溅渣护炉。渣中 FeO 含量高，则渣层稀，须调渣才能提高渣中 MgO 含量，达到较好的溅渣要求；反之，渣层黏稠，溅渣前要开氧，增加渣中 FeO 含量，使炉渣具有一定的流动性达到溅渣要求。

（8）除了上述炉衬被侵蚀之外，还有因冶炼钢种搭配、渣料加入、补炉过频繁、溅渣等操作导致炉衬增厚的情况，这时转炉炉容比变小，喷溅多，粘枪、烧枪事故多发，也要引起炼钢工的重视。

1）炉底上涨一般是通过测量转炉零位得到准确的数值。在出钢过程中，发现炉底有黑色的钢液从局部流出，说明此处存在假炉底，要及时测零位，掌握炉底上涨情况。如果炉底上涨超过 200mm，可采用出钢后留少量终渣或加入少量硅铁吹氧的方法，熔化假炉底降低转炉零位。

2）炉帽上涨往往是因溅渣流量控制过大、溅渣枪位控制不当所引起。此时炉口内径变小，兑铁水和加废钢困难。可采取降低溅渣流量和调整溅渣枪位来控制，严重时可采用氧气吹扫的方式来解决（此法必须由护炉技术员操作）。

3）其他部位。装料侧、出钢侧等部位由于冶炼钢种搭配、补炉过频繁、溅渣等原因也会增厚，常表现为炉子摇不到位使钢水倒出，导致成本增加，严重的造成设备和质量事故。可采用调整渣系、调整补炉和溅渣频率的方法解决。

4.5.7 某厂终点控制制度实例

某厂终点控制制度如下：

(1) 终点前 2min 必须把所需料加完。

(2) 根据供氧压力、供氧流量、纯吹时间，正确判断吹炼终点，采用一次拉碳或高拉补吹的方法，尽量提高终点命中率。

(3) 终点调温用石灰的量大于 1t 时，必须下枪点吹，且点吹时间不得低于 20s。

(4) 终点必须测温、取样，并做钢样成分分析，成分必须符合所冶炼钢种规定的要求后方可出钢。

(5) 终渣 ΣFeO 要求不高于 16%，终渣碱度要求 2.6 ~ 3.5。

(6) 每班必须取 1 ~ 2 个渣样。

(7) 高拉补吹冶炼各钢种终点碳控制见表 4-6（仅供参考）。

表 4-6 高拉补吹冶炼各钢种终点碳控制 (%)

钢 种	一倒控制	终点控制		
低碳钢	0.10 ~ 0.20	≥0.04		
普碳钢	0.20 ~ 0.40	≥0.06		
中高碳钢	0.70 ~ 1.00	40 号 ~ 45 号	50 号 ~ 55 号	≥60 号
		≥0.20	≥0.25	≥0.30

4.6 转炉炼钢终点自动控制及炼钢全自动控制

转炉炼钢终点自动控制一般分为静态控制和动态控制。就炼钢生产来讲，要求采用动态控制。但目前由于缺乏可靠的检测手段，特别是温度和碳含量尚不能可靠地连续测定，无法将信息正确、迅速、连续地传送到计算机中去。因此，世界各国在实现动态控制之前都先设计静态控制。

4.6.1　静态控制

静态模型就是根据物料平衡和热平衡计算，再参照经验数据统计分析得出的修正系数，得出吹炼过程的加料量和氧气消耗量，预测终点温度及成分目标。

静态模型计算是假定在同一原料条件下，采用同样的吹炼工艺，则应获得相同的冶炼效果。若条件有变，根据本炉次与参考炉次的原料、工艺等条件的差异，可推算出本炉次的目标值。静态模型的计算通常包括氧气量模型、枪位模型和辅原料模型。

氧气量模型的计算包括：先根据化学反应方程式计算吹炼一炉钢所需的氧气量；再计算由于加入铁矿石而带入的氧气量；然后用氧气利用系数修正一炉钢所需的氧气量；最后计算不同吹炼阶段消耗的氧气量。

枪位模型的计算：根据不同阶段液面高度计算枪位。各厂枪位控制模型可综合各操作工经验设定自己的吹炼模式。

辅原料模型的计算包括：铁矿石、石灰、化渣剂以及白云石各材料加入量计算。

静态控制就是定好目标，吹炼过程不能调整的控制方式。

4.6.2　动态控制

动态模型是指当转炉接近终点时，降低氧流量，将测到的温度及碳含量数值输送到过程计算机。过程计算机根据所测到的实际数值，计算出达到目标温度和碳含量需要再吹的氧气量及冷却剂加入量，并以测到的实际数值作为初值，以后每吹氧 3s，启动一次动态计算，预测熔池内温度和目标碳含量。当温度和碳含量都进入目标范围时，发出停吹命令。

动态模型计算包括：

(1) 按碳含量、测定后加入的冷却剂成分、熔池脱碳速度计算动态过程脱氧量。

(2) 定碳后，依动态吹氧量推算终点碳含量。依据动态模型要求，当转炉供氧量达到氧气消耗量的85%左右时，副枪进行第一次测试；在动态模型认为钢液达到终点要求时，副枪进行第二次测试。

(3) 测温后，根据钢液原始温度、熔池升温状况和动态冷却剂加入情况推算终点钢液温度。

(4) 根据终点碳含量和终点温度，可计算出动态过程冷却剂加入量。

(5) 用实际数值对计算结果进行修正计算。

动态控制是定好目标，吹炼过程依靠副枪、炉气分析及投弹式热电偶测温，取样结果对过程进行一次调整，过程仍然不算闭环控制。动态模型学习系数可通过过程计算机学习模型不断进行修正。

4.6.3　炼钢全自动控制

转炉炼钢动态控制较静态控制一次拉碳率有很大提高，但不能进行终点磷、硫含量控制，更不能控制化渣、钢水氧化性等，而转炉各冶炼参数之间相互密切联系，需要综合控制。

针对转炉动态控制的上述缺点，日本于20世纪80年代末期开始开发转炉全自动吹炼技术，它在转炉动态控制的基础上采用以下技术：

(1) 炉渣状态在线检测技术，实现对造渣过程的闭环控制。

(2) 炉气分析技术，对吹炼全程熔池碳含量和温度进行动态预报。

(3) 模糊判断和神经网络系统，配合在线检测熔池中锰的成分变化，在线预报全程硫和磷的变化。

(4) 副枪技术，对吹炼终点进行动态校正、提高终点预报精度。

由于应用了以上技术，可以实现转炉吹炼的全自动控制技术，计算机可以完全取代人工，对整个吹炼过程实行闭环控制。

应用转炉全自动吹炼技术后，可以获得以下效益：

（1）提高转炉的生产效率。终点碳和温度的同时命中率从 90% 提高到 95%，补吹率从 9% 下降到 6%，喷溅率从 12% 下降到 5.4%，冶炼周期平均缩短 3～5min。

（2）降低冶炼成本。耐火材料的消耗平均下降 5%，吨钢石灰消耗减少 3kg，金属收得率平均提高 0.3%～0.5%，炉龄提高 700～900 炉/炉役。

（3）提高了钢水质量，后吹次数明显减少。由于硫、磷不合格造成后吹次数从 15% 下降到 3.5%，由于碳、温度不合格造成补吹，从动态控制的 5.5% 下降到 2.5%；减少后吹，使钢水中氮、氧含量降低，如冶炼［C］= 0.04% 的低碳钢，钢水中氧含量平均降低 110×10^{-6}；终点控制精度提高，钢中硫、磷含量降低。

（4）计算机可以取代具有五年以上操作经验的熟练工人，进行闭环在线控制，减少转炉操作人员，从而提高劳动生产率。

转炉护炉操作工艺

* *

转炉日常护炉手段一般有溅渣护炉工艺、粘渣护炉工艺、喷补工艺、补炉工艺以及出钢口的维护和更换等。溅渣护炉工艺作为一项重要的维护手段在第6章专门进行阐述。

5.1 粘渣护炉工艺

氧气转炉在吹炼过程中，两个大面和耳轴部位损坏十分严重，补大面时补炉料消耗非常大，且耳轴部位难以修补。粘渣护炉工艺既提高了炉衬寿命，又降低了耐火材料消耗。

5.1.1 粘渣护炉机理

靠近炉衬表面粘渣的熔点高，就像耐火材料一样抵抗炉渣的侵蚀，起到了保护炉衬的作用。采用粘渣护炉，提高了渣中高熔点矿物含量，通过摇炉使粘渣挂在衬砖表面上。粘渣与炉衬的黏结，主要是由于粘渣与炉衬界面存在温度差，通过保温相互扩散，同类矿物如 $2CaO \cdot SiO_2$、MgO、$3CaO \cdot SiO_2$ 等重结晶，使粘渣与炉衬成为一个整体。粘渣护炉的炉温不能低于850℃，否则由于 $2CaO \cdot SiO_2$ 晶型转变，粘渣剥落，起不到护炉作用。在钢水质量允许的条件下尽量造粘渣护炉，使废渣在炉内得到充分利用，节省了人力物力，经济效果也很明显。

5.1.2 粘渣护炉工艺操作

5.1.2.1 终渣的控制

造好终渣的关键是吹炼后期的操作。造好终渣的要点如下：

（1）终点温度控制在中上限，终点碳按上限控制，并避免后吹。

（2）降低枪位使它比吹炼枪位液面低300mm左右，降枪时间不小于2min，使渣中FeO控制在14%~18%之间。

（3）增加渣中MgO含量，提高终渣熔点。出完钢后，根据炉渣情况加入适量轻烧白云石或镁质调渣剂，把终渣MgO控制在8%~12%之间。炉渣黏度随炉渣碱度的升高而增加，炉渣碱度一般控制在3.0左右。

5.1.2.2 粘渣护炉工艺

A 粘补大面

出钢后先堵出钢口，使粘终渣留在大面上，其厚度不超过150mm，同时要避免渣子集中在炉底或出钢口附近，以防下炉出钢时钢液出不尽。应在冷却时间大于2h后兑铁水继续吹炼下一炉钢。

B 粘补炉底

在出钢后往炉内加入一定数量的镁质调渣剂，来回摇动炉体，将粘渣留在炉底，要求冷却时间大于2h。采用溅渣护炉后一般不需要粘补炉底。

5.1.2.3 注意事项

转炉采用粘渣护炉工艺操作的注意事项如下：

（1）需要粘渣护炉的炉次应按要点造好终渣，严禁用低碳钢种的终渣粘渣护炉。

（2）留渣厚度要适宜。加入调渣材料的块度应小于30mm，并且数量不能过多，以免渣料化不透，造成炉底堆积。冷却时间应大于2h。

（3）粘渣护炉多次，大面有凹处时，应用少量补炉料填平。粘渣护炉后第一炉应加入轻型废钢。

5.1.3　冶炼末期加轻烧白云石造粘渣的护炉操作

5.1.3.1　轻烧白云石的加入及效果

轻烧白云石的加入及效果如下：

（1）根据铁水硅含量和装入量，计算加入量。将5/6在开吹时与头批渣料一起加入，余下的1/6在终点前3～5min加入炉内。

（2）冶炼末期加入部分轻烧白云石，过程渣碱度提高得快，终渣碱度也高。吹炼过程具有较高的石灰熔化率。在高碱度及MgO基本饱和的末期渣中，通过补加少量轻烧白云石可迅速形成MgO过饱和粘渣，在氧气流股的冲击下喷溅起来的黏稠渣滴均匀地铺满整个炉身，并在倒炉时黏附于前后两个大面，形成有效的粘渣层。

5.1.3.2　轻烧白云石的加入量

轻烧白云石的加入量见表5-1。

表5-1　轻烧白云石加入量

钢　种	低碳钢	中碳钢	高碳钢
白云石加入量/$kg \cdot t^{-1}$	30	20	15

5.2　炉衬喷补工艺

一般的护炉技术，不可能在炉衬表面所有部位都均匀地涂挂一层熔渣，尤其炉体两侧耳轴部位无法挂渣，从而影响炉衬整体使用寿命。所以，同时还要配合炉衬喷补。

炉衬喷补是通过专门设备将散状耐火材料喷射到红热炉衬表面，进而烧结成一体，使损坏严重的部位形成新的烧结层，炉衬得到部分修复，可以延长使用寿命。根据补炉料含水与否、水含量的多少，喷补方法分为湿法喷补、干法喷补、半干法喷补及火法喷补等。

5.2.1 喷补料

喷补料是由耐火材料、化学结合剂、增塑剂等组成。对喷补料的要求如下：

(1) 有足够的耐火度，能够承受炉内高温的作用；

(2) 喷补时喷补料能附着于待喷补的炉衬上，材料的反弹和流落损失要少；

(3) 喷补料附着层能与待喷补的红热炉衬表面很好地烧结、熔融在一起，并具有较高的机械强度；

(4) 喷补料附着层应能够承受高温熔渣、钢水、炉气的侵蚀；

(5) 喷补料的线膨胀率或线收缩率要小，最好接近于零，否则因膨胀或收缩产生应力致使喷补层剥落；

(6) 喷补料在喷射管内流动通畅。

5.2.2 喷补方法

喷补方法包括湿法喷补、干法喷补、半干法喷补和火法喷补。

5.2.2.1 湿法喷补

湿法喷补的耐火材料为镁砂，结合剂三聚磷酸钠为5%，其他添加剂，如膨润土为5%、萤石粉为1%、羧甲基纤维素为0.3%、沥青粉为0.2%，水分为20%～30%。湿法喷补的附着率可达90%，喷补位置随意，操作简便；但是喷补层较薄，每次只有20～30mm，粒度构成较细，水分较多，耐用性差，准备泥浆工作也较复杂。

5.2.2.2 干法喷补

干法喷补料的耐火材料中镁砂粉占70%，镁砂占30%，结合剂三聚磷酸钠占5%～7%，其他添加剂，如膨润土占1%～3%、消石灰占5%～10%、铬矿粉占5%。干法喷补料的耐用性好，粒度较大，喷补层较致密，准备工作简单，但附着率低，喷补技术也难掌握。随着结合剂的改进，多聚磷酸钠的采用，特别是速硬剂消石灰的应用，使附着率明显改善，这种速硬的喷补料几乎不需烧结时间，补炉之后即可装料。

5.2.2.3 半干法喷补

半干法喷补法是在湿法喷补的基础上，通过调整喷补料的理化指标，大幅度降低了喷补料含水比，采取先进的喷补机技术，达到料、气、水的最佳配比，利用手持喷枪进行补炉的方法。其优点：喷补料中含水比在10%～15%之间，为获得较厚的喷涂层面确定了必要条件；喷补过程中反弹率低，挂结率一般在80%～95%之间，提高了喷补料的利用率；由于喷补料与原砌体的理化指标基本一致，喷补料在墙体的热作用下，黏结牢固；操作简便，喷补操作时间短，喷料速度快，增加了对炉体的整体保护。半干法喷补机的主要结构如图5-1所示。

半干法喷补料中粒度小于4mm的镁砂占30%，小于0.1mm的镁砂粉占70%，结合剂三聚磷酸钠占5%，速硬剂消石灰占5%，水分占18%～20%。炉衬温度为900～1200℃时进行喷补。

5.2.2.4 火法喷补材料

采用煤氧喷枪，以镁砂粉和烧结白云石粉为基础原料，外加助熔剂三聚磷酸钠、氧化铁皮粉（粒度小于0.15mm）、转炉渣料（粒度小于0.08mm），石英粉（粒度小于0.8mm）。将喷补料送入喷枪

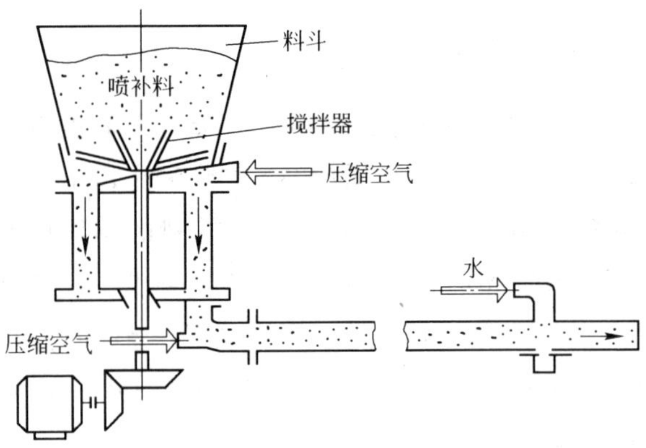

图 5-1 半干法喷补机的主要结构

的火焰中，喷补料部分或大部分熔化，处于热塑状态或熔化状态的喷补料，喷补到炉衬表面上很容易与炉衬烧结在一起。

5.3 补炉操作工艺

转炉一般在炉龄 1000 炉后、炉衬已经开始损坏时需要修补。补炉是提高转炉炉龄的重要操作工艺。

5.3.1 补大面

一般对前后大面（前大面又称为前墙，后大面又称为后墙）交叉进行补炉操作，操作步骤如下：

（1）补大面的前一炉，终渣黏度适当偏大些，不能太稀。如果炉渣中 FeO 偏高，炉壁太光滑，补炉料不易粘在炉壁上。

（2）补大面的前一炉出钢后，摇炉工摇炉使转炉炉口向下，倒净炉内的残钢、残渣。

（3）摇炉至补炉所需的工作位置。

（4）倒料。根据炉衬损坏情况向炉内倒入 1 ~ 3t 补炉料（具体数量要看转炉吨位大小、炉衬损坏的面积和程度。前期炉子的补炉料量可以适当少些），然后摇动炉子，使补炉料均匀地铺展到需要填补的大面上。

（5）贴补。贴补操作要求贴补排列整齐，砖缝交叉，避免漏砖、搁砖，做到两侧区和接缝贴满。大转炉一般不采用贴补操作。

（6）烘烤。让炉子保持静止不动，依靠炉内熔池温度对补炉料进行自然烘烤，要求烘烤 40～100min。烘烤前期最好在炉口插入两支煤氧枪进行吹氧助燃，有利于补炉料的烧结。

5.3.2　补炉底

补炉底操作要点如下：

（1）将补炉料兑进转炉后，先将转炉摇至后大面 -30°，再将转炉摇至前大面 +20°，最后将转炉摇至 0°，保证烧结时间不小于 40min。待补炉料已在炉底处黏结，缓慢将炉子摇至大面位，继续用煤氧枪烧结 10min。在兑铁水前，先向炉内兑 3～5t 铁水，将炉子摇动，待炉口无黑烟冒出后，再进行兑铁水。

（2）补炉底的操作顺序为：摇动炉子至加废钢位置，用废钢斗装补炉料加入炉内，补炉料量一般为 1～2t；往复摇动炉子，一般不少于 3 次，转动角度在炉口摇出烟罩的角度；开氧吹开补炉料，一般枪位在 0.6～1.0m，氧压 0.6MPa 左右，开氧时间 10s 左右。

（3）烘烤。要求烘烤 40～60min。

5.3.3　注意事项

补炉操作工艺的注意事项如下：

（1）检查补炉料的质量，确保符合要求。

（2）炉役前期的补炉料用量可以少一些，而炉役中、后期的补炉料用量应该多一些。

（3）补炉结束后必须烘烤一定时间，以保证烧结质量。

（4）补炉后的前几炉（特别是第一炉）由于烧结还不够充分，

因此炉前摇炉要特别小心，尽量减少倒炉次数。当须进行向前或向后倒炉时，操作工要注意安全，必须站在炉口两侧，以防突然塌炉而造成人身伤害。

（5）补炉操作必须全面组织好，抓紧时间有条不紊地进行，否则历时太长，炉内温度降低太大而不利于补炉材料的烧结。

（6）补炉后吹炼的第1～2炉必须在炉前操作平台的醒目处放置补炉警告牌，警告操作人员避开危险区域（特别是炉口正向）。

5.4 出钢口的更换与维护

5.4.1 延长出钢口寿命的措施

延长出钢口寿命的措施如下：

（1）减少前、后期出钢下渣量（图5-2），同时应采用挡渣工艺挡住出钢过程中的下渣。

（2）必要时，可在调渣后从出钢口倒渣，减少炉渣对出钢口的侵蚀。

（3）减少高温钢、过氧化钢等对出钢口的损坏。

（4）及时修补出钢口，保持出钢口正常的形状和大小。

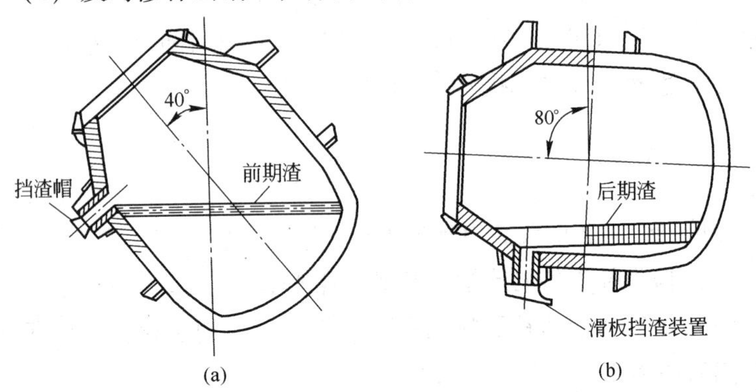

图5-2 出钢下渣

（a）前期下渣；（b）后期下渣

（5）采用优良材质。要求作为出钢口的材料耐高温、耐侵蚀、耐冲刷、耐急冷急热。

5.4.2　更换出钢口操作

5.4.2.1　更换出钢口原则

更换出钢口原则如下：

（1）出钢时间小于3min。

（2）出钢口形状不规则或内有明显凹坑，出钢钢流散。

（3）出钢口寿命大于规定炉次，视生产计划预先安排。

5.4.2.2　更换出钢口方法

更换出钢口方法如下：

（1）更换出钢口计划应提前4h以上下达，以便于生产组织。

（2）出完钢倒净残渣将转炉摇至大面适当位置，将出钢口内残钢处理干净。本炉次溅渣结束后，用高压氮气对汽化烟道进行吹扫，清除粘渣。

（3）将转炉向下摇至适当位置，出钢口钻孔机调整好位置，与出钢口角度相适应，保证钻孔角度准确、孔壁光滑、孔道圆整、大小合适，避免损坏出钢口座砖。

（4）出钢口孔钻好后，将转炉摇至便于安装出钢口的位置。在出钢口钻孔的同时应准备好新出钢口、出钢口料及出钢口料槽。

（5）用叉车及专用工具将新出钢口放入钻好的孔道内，调整好位置，用电焊将新出钢口护板焊接在炉壳的出钢口钢板上进行定位（为了便于定位，可在安放新出钢口前在出钢口孔道内填入适量出钢口料）。

（6）出钢口定位完成后，应将出钢口护板上部割开，以便于填入出钢口料。

（7）利用叉车及出钢口料槽将适量调好的出钢口料填入出钢口，

将新出钢口与孔道间隙端部填满压实，并保证烧结3～5min。烧结出钢口的同时，在炉后调好出钢口料。

(8) 将转炉摇至适当位置便于向出钢口灌料，将调好的出钢口料灌入新出钢口与孔道间隙，在操作时要避免灌料不实。

(9) 灌料过程中应及时观察保证不漏料。灌料结束后应保证烧结时间在15min以上。

(10) 每次换完出钢口后应及时调整挡渣车，确保挡渣锥对位准确。

5.4.2.3 出钢口维护和更换要求

出钢口维护和更换的要求如下：

(1) 炉长对每炉钢都要关注出钢口情况，出完钢后都要确认出钢口内口和外口情况。内口不好要关注后大面的情况，并且做好终渣，后倒渣维护后大面和出钢口内口。如果内口侵蚀严重，要及时联系护炉主管来现场确认，采取措施，更换出钢口，维护后大面。

(2) 出钢口外口如果侵蚀严重，要及时喷补维护。如果定型钢板受到损坏，要及时通知转炉工长。发现出钢口有渗钢现象，要通知护炉主管现场确认，并及时组织更换。

(3) 只要发现出钢口有断裂，侵蚀严重，无论出钢口使用次数多少，都要通知护炉主管现场确认，组织更换出钢口。

(4) 出钢时间小于3min，要立即通知护炉主管现场确认，护炉主管现场报告调度室，协调更换出钢口计划。

(5) 护炉主管要随时掌握出钢口的情况，确定更换出钢口的时间，并且报告计划员。按照计划更换出钢口，工长、炉长要安排好更换钻头，并清理好炉口。

(6) 在打旧出钢口时，二助手、炉长一定要确认好钻杆的正确角度，不得偏斜。

(7) 装新出钢口前，一定要确认无残钢，如果有残钢，要用煤氧枪烧干净，保证内口里面均匀光滑。装新出钢口喷补外口时，护炉主管一定要保证出钢口位置端正，方可喷补材料，喷补完外口后要用煤氧枪烘烤 3 ~5min，才可摇至炉后。

（8）炉后喷补时，要保证料水比调节合格、黏度合适才可伸入炉内喷补，杜绝喷补枪伸入炉内后才调节。若采用干式自流料下出钢口，要温度合适，自流料流动性好，使出钢口内口填满、填实。

（9）兑铁水前，一定要确认喷补料干透后方可兑铁水。

（10）生产前一定要对出钢口状况进行确认后方可兑铁水。在吹炼时检查出钢口有火焰冒出，则表示出钢口通畅。

5.5 提高转炉炉龄的操作实践

5.5.1 转炉炉衬采用综合砌筑

转炉各部位的炉衬工作条件不同，因而蚀损速度和程度也各不相同。根据转炉各部位的炉衬工作条件和蚀损原因不同，在同一座转炉上采用多种材质或结构的耐火砖搭配砌筑称为综合砌炉。综合砌炉可避免因局部蚀损严重而停炉，达到了均衡蚀损和延长炉衬使用寿命的目的。炉衬的砌筑质量对提高炉衬的寿命非常重要。

5.5.2 加强过程控制和终点控制

吹炼终点一次拉碳率低，后吹次数增加，不仅渣中 FeO 高，同时高温炉渣对炉衬作用的时间也长，将加剧对炉衬的侵蚀。倒炉次数增加，增加了高温钢水、炉渣对炉衬的机械冲刷，使炉衬寿命降低。终点温度高炉衬砖易软化。因此，加强过程控制和终点控制，有利于转炉炉龄的提高。

5.5.3 降低出钢温度

从操作实践中观察到，凡是高温炉次（温度大于 1700℃），渣中 FeO 含量必定高。不仅炉衬表面上挂的渣全部被冲刷掉，而且进一步侵蚀到炉衬的变质层上，这充分说明冶炼操作中高温、渣中 FeO 含量高是造成炉衬损坏的重要原因。因此，必须降低出钢温度，以提高炉衬使用寿命。

5.5.4 转炉炉役后期的维护

改进炉役后期出钢口、炉衬大面的维护。随着炉役进入后期，出钢口套管被侵蚀变短，出钢口内口很容易被高温钢水侵蚀裸露，易造成出钢口漏钢的事故。前、后大面由于高温、机械冲击，炉衬变薄，容易造成大面漏钢。

5.5.4.1 对前、后大面进行特护

为提高炉衬寿命，虽然采用综合砌筑，力求转炉各部位炉衬均匀蚀损。但单纯的通过溅渣护炉并不能从根本上解决由于废钢冲击、高温钢水侵蚀、异常操作等造成的前、后大面的损坏，为此某厂采用了前大面垫补和后大面投补的方法。前大面垫补是用废钢槽将补炉料（一般 1.5t）加入炉内，将其摇匀在炉体前大面凹坑处，然后用煤氧枪烧结 80min 左右即可；后大面特殊情况可以采用小包装补炉料人工投补在需要填补的位置，然后烧结即可。

5.5.4.2 提高补炉操作效果

因为炉渣中高氧化铁易生成低熔点的 $CaO \cdot Fe_2O_3$ 及 $2CaO \cdot Fe_2O_3$ 等，不易使补炉成功。由此可见，FeO 含量高，严重影响补炉成功率，所以在补炉的前一炉应尽量降低 FeO 含量，提高 MgO 含量。

在补炉完毕装铁冶炼时，第 1、2 炉操作对补炉成功与否很重要。第 1、2 炉装铁要放慢，升温速度不能太快，氧压控制在 0.9MPa 以下，终点温度控制在 1650℃ 为宜。为了保证补炉料使用效

果，补完大面后必须先加入石灰再加废钢，并摇炉使其覆盖住补炉料，再缓慢兑入铁水，用铁水温度烧结 2min。

5.5.4.3 运用激光测厚技术指导护炉

定期使用激光测厚仪对转炉炉衬测厚，对炉衬侵蚀严重的部位，采用少量的贴补或喷补进行重点维护，避免了盲目性，一定程度上减少了补炉料的浪费（图 5-3）。更重要的是使转炉炉况始终处于受控状态，做到操作人员补炉时心中有数。某厂转炉测厚数据见表 5-2。

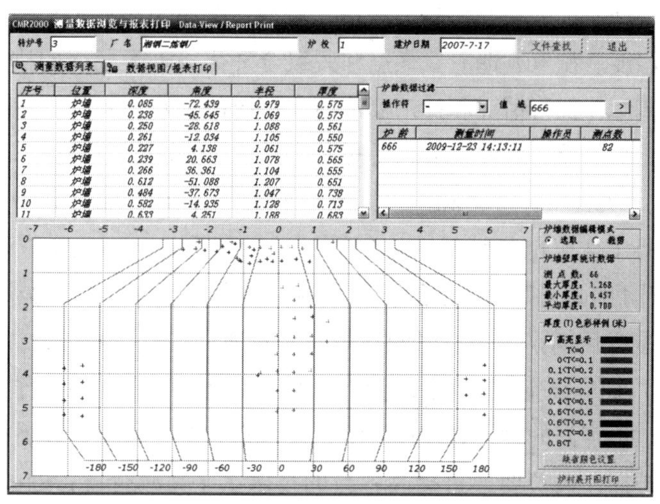

图 5-3 测厚仪测量转炉炉衬厚度

表 5-2 某厂转炉测厚数据 （mm）

测量项目	1 号炉	2 号炉	3 号炉
前大面	450	400	240
后大面	400	350	420
南耳轴	400	300	300
北耳轴	420	300	270

5.5.5 优化生产组织，加强护炉管理

优化生产组织，加强护炉管理的具体内容包括：

（1）合理安排冶炼和护炉计划。及时协调补炉、喷补计划，对前、后大面进行修补。对耳轴和渣线进行喷补，必须保证渣线隆起，大面补平。调度室必须确保每班护炉计划的完成。生产计划的安排做到低碳钢与高碳钢相结合，合理搭配冶炼钢种。

（2）加强转炉技术管理。加强技术分析、渣样分析、炉衬测厚等方面对护炉进行指导。加强对事故分析、节奏分析、温度分析，并及时整改，同时加强对操作骨干的技术培训，提高操作技术水平，抓好装入、温度、供氧、造渣、终点和脱氧合金化等五大制度的执行。加强对工艺纪律执行情况和护炉制度落实情况的抽查和考核，特别对炉衬见砖、炉况差、高温、冶炼后期调矿石等要严分析、严考核。

（3）认真抓好节奏和温度。节奏和温度是炉长每天生产作业管理的中心工作，也是炉长冶炼每炉钢的控制重点。因此要求炉长从基础工作做起，抓好温度和节奏控制，提高一倒命中率，减少倒炉次数，减少后期高温等待时间对炉衬的侵蚀。

（4）抓好设备保障工作。生产、护炉和转炉设备保障工作相辅相成。在点检定修的设备管理模式下，设备点检维护人员、设备检修人员、转炉操作人员要通过提高各自的技术水平，减少设备的故障率。要以零故障为目标，减少转炉设备故障对护炉工作的影响，如定期对氧枪系统检修，减少氧枪偏移炉子中心对炉衬的损害。对转炉烟罩、炉口等设备漏水情况进行彻底整治，避免因漏水造成炉衬粉化。

（5）严格执行护炉交接班制度。要求炉长必须观察每炉炉况，实行炉况的交接班，并且要在交接班本上体现出来，有问题一定要及时整改。每天早上由护炉主管组织对转炉炉况进行打分评价，指出当天的炉况薄弱点，安排护炉计划。

（6）做好溅渣护炉工作。

6

转炉溅渣护炉技术

* *

6.1 溅渣护炉技术简介

6.1.1 溅渣护炉技术的发展

我国于1994年开始立项开发溅渣护炉技术，并于1996年11月确定为国家重点科技开发项目。通过研究和实践，在国内各钢厂已广泛应用了溅渣护炉技术，并取得明显的成果。

溅渣护炉的基本原理是：利用MgO含量达到饱和或过饱和的炼钢终点渣，通过高压氮气的吹溅，在炉衬表面形成一层高熔点的溅渣层，并与炉衬很好地烧结附着。这个溅渣层耐蚀性较好，从而保护了炉衬砖，减缓其损坏程度，炉衬寿命得到提高。溅渣护炉所用终点熔渣成分、留渣量、溅渣层与炉衬砖烧结、溅渣层的蚀损以及氮气压力与供氮强度等，都是溅渣护炉技术的重要内容。

6.1.2 熔渣的性质

熔渣的性质主要取决于合适的熔渣成分和熔渣黏度，具体介绍如下：

（1）合适的熔渣成分。溅渣用熔渣的成分关键是碱度、TFe和MgO含量，终点渣碱度一般在3.0以上。

TFe含量的多少决定了渣中低熔点相的数量，对熔渣的熔化温度有明显的影响。当渣中低熔点相数量达30%时，熔渣的黏度急剧下降。随温度的升高，低熔点相数量也会增加，只是熔渣黏度变化较为缓慢而已。倘若熔渣 TFe 含量较低，低熔点相数量少，高熔点的固相数量多，熔渣黏度随温度变化十分缓慢。这种熔渣溅到炉衬表面上，可以提高溅渣层的耐高温性能，对保护炉衬有利。

终点渣 TFe 含量高低取决于终点碳含量及是否后吹。若终点碳含量低，渣中 TFe 含量相应就高，尤其是出钢温度高于1700℃时，影响溅渣效果。

熔渣成分不同，MgO 的饱和溶解度也不一样。实验研究表明，随着熔渣碱度的提高，MgO 的饱和溶解度有所降低。随渣中 TFe 含量增加，MgO 饱和溶解度也有所变化。

从溅渣护炉的角度分析，希望碱度高一点，这样转炉终渣 C_2S 及 C_3S 之和可以达到70% ~75%。当碱度大于2时，全部或大部分 CaO 和 SiO_2 以高温相析出，这种化合物都是高熔点物质，对于提高溅渣层的耐火度有利。但是，碱度过高，冶炼过程不易控制，易返干，影响脱磷和脱硫效果，且造成原材料浪费，还容易造成炉底上涨。实践证明，终渣碱度控制在2.8 ~3.2为宜。

（2）合适的熔渣黏度。熔渣的黏度是炉渣重要性质之一。黏度是熔渣内部各运动层间产生内摩擦力的体现，摩擦力大，熔渣的黏度就大。溅渣护炉对终点熔渣黏度有特殊的要求，要达到“溅得起，粘得住，耐侵蚀”。因此，黏度不能过高，以利于熔渣在高压氮气的冲击下，渣滴能够飞溅起来并黏附到炉衬表面；黏度也不能过低，否则溅射到炉衬表面的熔渣容易滴淌，不能很好地与炉衬黏附形成溅渣层。

6.1.3 溅渣护炉的机理

6.1.3.1 溅渣层的分熔现象

实践与研究结果表明，附着于炉衬表面的溅渣层，其矿物组成不均匀。在反复的溅渣过程中，溅渣层存在着选择性熔化，使溅渣层 MgO 结晶和 C_2S 等高熔点矿物逐渐富集，从而提高了溅渣层的抗高温性能，炉衬得到保护。

6.1.3.2 溅渣层的组成

溅渣层是熔渣与炉衬砖之间在较长时间内发生化学反应逐渐形成的，即经过多次的“溅渣—熔化—溅渣”的往复循环。由于溅渣层表面的分熔现象，低熔点矿物被下一炉次高温熔渣所熔化而流失，从而形成高熔点矿物富集的溅渣层。

6.1.3.3 溅渣层与炉衬砖黏结机理

生产实践与研究表明，溅渣层与镁碳砖衬砖的黏结机理如图 6-1 所示。部分 C_2S 和 C_3S 也沿衬砖表面的气孔与裂纹流入衬砖内，当温度降低冷凝与 MgO 颗粒镶嵌在一起，如图 6-1（a）所示。继续溅渣操作，高熔点颗粒状矿物 C_2S、C_3S 和 MgO 结晶被高速气流喷射到炉衬粗糙表面上，并镶嵌于间隙内，形成了以镶嵌为主的机械结合层；同时富铁熔渣包裹在炉衬砖表面凸起的 MgO 结晶颗粒表面，或填充在已脱离砖体的 MgO 结晶颗粒的周围，形成以烧结为主的化学结合层，如图 6-1（b）所示。继续进一步的溅渣，大颗粒的 C_2S、C_3S 和 MgO 飞溅到结合层表面并与其 C_2F 和 RO 相结合，冷凝后形成溅渣层，如图 6-1（c）所示。

6.1.3.4 溅渣层保护炉衬的机理

根据溅渣层物相结构分析了溅渣层的形成，推断出溅渣层对炉衬的保护作用有以下几方面：

（1）对镁碳砖表面脱碳层的固化作用。

（2）减轻了熔渣对衬砖表面的直接冲刷蚀损。

（3）抑制了镁碳砖表面的氧化，防止炉衬砖体再受到严重的蚀损。

（4）新溅渣层有效地保护了“炉衬-溅渣层”的结合界面。

图 例	名 称	黏 结 机 理
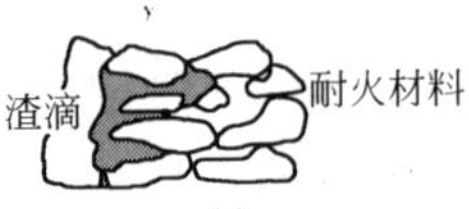 渣滴 耐火材料 (a)	烧结层	由于溅渣过程的扬析作用，低熔点液态 C_2F 炉渣首先被喷溅在粗糙的镁碳砖表面，沿着碳烧损后形成的孔隙向耐火材料基体内扩散，与周围高温 MgO 晶粒发生烧结反应形成烧结层
 耐火材料 (b)	机械镶嵌化学结合层	气体携带的颗粒状高熔点 C_2S 和 MgO 结晶渣粒冲击在粗糙的耐火材料表面，并被镶嵌在渣-砖表面上，进而与 C_2F 渣滴反应，烧结在炉衬表面上
 渣层 耐火材料 (c)	冷凝溅渣层	以低熔点 C_2F 和 MgO 砖烧结层为纽带，以机械镶嵌的高熔点 C_2S 和 MgO 渣粒为骨架形成一定强度的渣-砖结合表面。在此表面上继续溅渣，沉积冷却形成以 RO 相为结合相，以 C_2S、C_3S 和 MgO 相颗粒为骨架的溅渣层

图 6-1 溅渣层与镁碳砖衬砖的黏结机理

6.2 溅渣护炉工艺

溅渣护炉工艺根据渣况可以分为两类：直接溅渣工艺和出钢后调渣再溅渣工艺。具体介绍如下：

（1）直接溅渣工艺要求铁水等原材料条件比较稳定，吹炼平稳，终点控制准确，出钢温度较低。

其操作程序是：

1）吹炼开始在加入第一批造渣材料的同时，加入大部分所需的调渣剂；控制初期渣 MgO 在 8% 左右，可以降低炉渣熔点，并促进初期渣早化。

2）在炉渣返干期之后，根据化渣情况，再分批加入剩余的调渣剂，以确保终点渣 MgO 含量达到目标值。

3）出钢时，通过炉口观察炉内熔渣情况，确定是否需要补加少量的调渣剂；在终点碳、温度控制准确的情况下，一般不需再补加调渣剂。

4）根据炉衬实际蚀损情况进行溅渣操作。

（2）由于中小型转炉的出钢温度偏高，因此熔渣的过热度也高。再加上原材料条件不够稳定，往往终点后吹，多次倒炉，致使终点渣 TFe 含量较高，熔渣较稀，MgO 含量也达不到溅渣的要求，不适于直接溅渣。只得在出钢后加入调渣剂，改善熔渣的性质，以达到溅渣的要求。用于出钢后的调渣剂，应具有良好的熔化性和高温反应活性，较高的 MgO 含量，以及较大的热焓，熔化后能明显、迅速地提高渣中 MgO 含量和降低熔渣温度。

其吹炼过程与直接溅渣操作工艺相同，出钢后的调渣操作程序如下：

1）终点渣 MgO 控制在 8% ~10% 之间。

2）出钢时，根据出钢温度和观察的炉渣状况决定调渣剂的加入量，并进行出钢后的调渣操作。

3）渣后进行溅渣操作。出钢后调渣的目的是使熔渣中 MgO 含量达到饱和值，提高其熔化温度，同时由于加入的调渣冷料吸热，从而降低了熔渣的过热度，提高了黏度，以达到溅渣的要求。而有效溅起渣量主要与留渣量、渣黏度及气体动力学参数有关，其中最为重要的是后两个。

6.2.1 熔渣成分的调整

转炉采用溅渣护炉技术后，吹炼过程更要注意调整熔渣成分，要做到“初期渣早化，过程渣化透，终点渣做黏”；出钢后熔渣能“溅得起，粘得住，耐侵蚀”。为此应控制合理的 MgO 含量，使终点渣适合于溅渣护炉的要求。

终点渣的成分决定了熔渣的耐火度和黏度。影响终点渣耐火度的主要因素是 MgO、TFe 和碱度 $m(CaO)/m(SiO_2)$。其中，TFe 含量波动较大，一般在 10% ~30% 范围内。为了溅渣层有足够的耐火度，主要应调整熔渣的 MgO 含量。为了提高溅渣层耐火度必须调整炉渣成分，提高 MgO 含量，降低低熔点相数量。表 6-1 为终点渣 MgO 含量推荐值。

表 6-1 终点渣 MgO 含量推荐值 (%)

终渣 TFe	8 ~ 11	15 ~ 22	23 ~ 30
终渣 MgO	7 ~ 8	9 ~ 10	11 ~ 13

溅渣护炉对终点渣 TFe 含量并无特殊要求，只要把溅渣前熔渣中 MgO 含量调整到合适的范围，TFe 含量的高低都可以取得溅渣护炉的效果。

调整熔渣成分有两种方式：一种是转炉开吹时将调渣剂随同造渣材料一起加入炉内，控制终点渣成分，尤其是 MgO 含量达到目标要求，出钢后不必再加调渣剂；倘若终点熔渣成分达不到溅渣护炉要求，则采用另一种方式，出钢后加入调渣剂，调整 MgO 含量达到溅渣护炉要求的范围。

调渣剂是指 MgO 质材料，常用的材料有轻烧白云石、生白云石、轻烧菱镁球、冶金镁砂、菱镁矿渣和高氧化镁石灰等。选择调渣剂时，首先考虑 MgO 的含量多少，用 MgO 的质量分数来衡量，即：

$$MgO\% = w(MgO)/[1 - w(CaO) + R \times w(SiO_2)]$$

式中 $w(MgO)$，$w(CaO)$，$w(SiO_2)$——调渣剂的 MgO、CaO、SiO_2 的实际含量；

R——炉渣碱度。

不同的调渣剂，MgO 含量也不一样。常用调渣剂的成分见表 6-2。此外，还应充分注意到加入调渣剂后对吹炼过程热平衡的影响。表 6-3 列出了不同调渣剂的焓及其对炼钢热平衡的影响。

表 6-2 常用调渣剂成分

种类	成分/%				
	CaO	SiO_2	MgO	灼减	MgO
生白云石	30.3	1.95	21.7	44.48	28.4
轻烧白云石	51.0	5.5	37.9	5.6	55.5
菱镁矿渣粒	0.8	1.2	45.9	50.7	44.4
轻烧菱镁球	1.5	5.8	67.4	22.5	56.7
冶金镁砂	8	5	83	0.8	75.8
含 MgO 石灰	8.1	3.2	15	0.8	49.7

表 6-3 不同调渣剂的焓（293～1773K）及其对炼钢热平衡的影响

项目	生白云石	轻烧白云石	菱镁矿	菱镁球	镁砂	氮气	废钢
焓/$MJ \cdot kg^{-1}$	3.407	1.762	3.026	2.06	1.91	2.236	1.38
与废钢的热当量置换比	2.47	1.28	2.19	1.49	1.38	1.62	1.0

6.2.2 合适的留渣量

合理的转炉留渣量是溅渣护炉中的重要工艺参数。合理的留渣量一方面要保证足够的渣量，在溅渣过程中使炉渣均匀地喷溅，涂敷在整个炉衬表面，形成 10～20mm 厚的溅渣层；另一方面随炉内留渣量的增加，熔渣可溅性增强，有利于快速溅渣。但是留渣量过大往往造成炉口粘渣，炉膛变形，并使溅渣成本提高。通过不断地摸索和实践，某厂 120t 转炉溅渣留渣量见表 6-4。

表 6-4 某厂 120t 转炉溅渣留渣量 (t)

钢 种	炉役前期	炉役中期	炉役后期
普碳钢	5	7	8
高碳钢	3	6	6
低碳钢	5	5	5

6.2.3 溅渣护炉枪位选择

炉内溅渣效果的好坏，可通过溅粘在炉衬表面的总渣量和在炉内不同高度上溅渣量是否均匀来衡量。对于同一氮压条件下，有一个最佳喷吹枪位。当实际喷吹枪位高于或低于最佳枪位时，溅渣总量都会降低；熔渣黏度对溅渣总量也有影响，随熔渣黏度的增加，溅渣量明显减少。在炉内不同高度上溅渣量的分布是很不均匀的，转炉耳轴以下部位的溅渣量较多，而耳轴以上部位随高度的增加溅渣量明显减少。

溅渣护炉枪位的确定有一个原则，即保证溅渣厚度和溅渣面积。当枪位较低时，对渣的冲击面积小，冲击深度增大，供给的能量大部分消耗于熔池内部，渣滴能量大，可溅到炉口。相反，当枪位较高时，炉渣溅到炉膛位置较低，还容易冲刷已溅到炉墙上的炉渣，更容易引起炉底上涨。通常情况采取前低、后高方法，既保证了炉渣的形成，溅渣效果也好，又可防止炉底上涨。如某厂 80t 转炉溅渣枪位一般按冶炼的最低枪位 1.0m，若炉底状况差可适当提高 100 ~ 200mm，枪位原则上先低后高，溅渣枪位波动在 1.0 ~ 2.0m 之间。

6.2.4 溅渣时间的选择

溅渣的时间要求 3min 左右，要在炉衬的各部位形成一定厚度的溅渣层，最好采用溅渣专用喷枪。溅渣用喷枪的出口马赫数应稍高一些，这样可以提高氮气射流的出口速度，使其具有更高的能量，在氮气低消耗情况下达到溅渣要求。

通过不断地摸索和实践，某厂溅渣时间按表 6-5 进行控制。

表 6-5 某厂溅渣时间 (s)

钢　种	炉役前期	炉役中期	炉役后期
普碳钢	150	180	200
高碳钢	120	150	150
低碳钢	180	200	250

6.2.5 溅渣频率

溅渣基本原则：少溅渣、勤溅渣。“少”，即较少的溅渣量，保证冶炼下一炉不被完全侵蚀掉；“勤”，即较高的溅渣率。前期基本不溅渣，后期炉炉溅渣。转炉炉龄 200 炉以前不溅渣，其中炉龄在 200 ~ 1000 炉之间，每两炉钢溅渣一次，炉龄大于 1000 炉，每冶炼一炉钢溅渣一次。可根据炉况进行调整。

6.2.6 溅渣护炉引起的问题及解决方法

6.2.6.1 炉底上涨

应用溅渣护炉技术之后，转炉炉底容易上涨。主要原因是溅渣用终渣碱度高，MgO 含量达到或超过饱和值，倒炉出钢后炉膛温度降低，有 MgO 结晶析出，高熔点矿物 C_2S、C_3S 也同时析出，熔渣黏度又有增加；溅渣时部分熔渣附着于炉衬表面，剩余部分都集中留在炉底，与炉底的镁碳砖中的方镁石晶体结合，引起了炉底的上涨。复吹工艺溅渣时，底部仍然供气，上、下吹入的都是冷风，炉温又有降低，熔渣进一步变黏；高熔点晶体 C_2S、C_3S 发育长大，并包围着 MgO 晶体或固体颗粒，形成了坚硬的致密层。在底部供气不当时，会加剧炉底的长高。

为避免炉底上涨，应采取如下措施：

（1）应控制好终点熔渣成分和温度，避免熔渣过黏。

（2）采用较低的合适溅渣枪位溅渣。

（3）足够的氮气压力与流量。

（4）溅渣后及时倒出剩余熔渣。

（5）合理的溅渣频率。

（6）合理安排低碳钢冶炼频率。

（7）发现炉底上涨超过规定时，通过氧枪吹氧熔化，或加入适量的 Fe-Si 合金熔化上涨的炉底。

（8）吹氧洗炉底操作。当炉底上涨超过要求范围时，采取吹氧洗炉底操作。为了避免在洗炉底的整个过程中发生人身、设备等事故，转炉洗炉底必须严格执行洗炉底规定。每次洗炉底之前必须准备好 80～100kg 硅铁和两把铁锹在炉后以做压渣用。在倒渣过程中，密切注意渣罐内渣子的情况。倒完渣后，让其冷却 3～5min，炉前二助手方可通知换渣罐，开动渣车更换渣罐。在开动渣车和更换渣罐的过程中，要密切注意渣罐状况，并要站在安全位置，发现渣罐中有发亮的迹象，渣罐工应通知周围所有人员避开。

吹氧洗炉底操作是一种异常情况的处理措施，一定要谨慎处置。如某厂 120t 转炉有如下规定：

1）炉底高度应控制在规定范围以内。

2）洗炉底之前应安排一个空渣罐。

3）出完钢后，留少许炉渣在炉内。

4）供氧流量、压力、快切阀选手动，氧流量为 24000～25000m^3/h。

5）枪位 1.0m 左右。

6）洗炉底之后的高温、高 FeO 钢渣混合物必须从出钢口倒出。

7）洗炉底时间控制在 60s/次以内。

8）吹氧洗炉底操作必须有护炉主管监护才能进行。

6.2.6.2 氧枪粘钢渣

溅渣时喷枪易粘渣，需要及时清理。同时强调在操作时必须化好过程渣，确保氧枪不粘钢，这样溅渣后枪身的炉渣在冷却后会自然脱落。此外，要求钢水必须出干净，若出钢不干净，则溅渣时调入部分渣料稠化后，高低枪位交替溅渣，尽可能不让钢水粘在枪身上。

6.2.6.3 炉口结渣

炉口结渣也是溅渣护炉技术实施后容易引起的问题之一。出现这样的问题时首先要注意转炉的炉口冷却水的强度，如果炉口水的冷却强度大，要适当降低冷却强度。在溅渣操作时枪位和流量应适当调节，避免炉口粘渣过多。对已经堆积的炉口积渣要采取用拆炉车打掉或者采用煤氧枪、氧枪进行火焰清理，在清理时要避免损伤炉口设备。

6.2.7 复吹转炉溅渣护炉操作工艺实例

6.2.7.1 溅渣操作条件

溅渣操作要满足以下条件：

（1）溅渣前钢水必须出尽，如少量钢水没有出尽，必须将残钢从出钢口流入渣罐，炉内有钢水不得溅渣。

（2）检查确认氧气系统处于关闭状态，氮气系统处于待打开状态。

（3）转炉必须处于零位置，活动烟罩处于上极限位置。

（4）转炉出尽钢水后，控制炉内渣量为3.0～6.0t。

（5）氮气阀前压力不小于1.7MPa。

6.2.7.2 溅渣护炉工艺操作

A 操作程序

溅渣护炉工艺操作程序如下（顺序检查）：

（1）吹炼开始至吹炼结束按造渣制度加入散状料，使终渣成分、黏度符合溅渣要求。

（2）出钢时由炉长确认终渣状况，以决定调渣工艺。

（3）采用直接溅渣工艺，出钢完毕由操枪工启动溅渣程序，人工控制并随时调整最佳溅渣枪位，以达到最佳溅渣效果。采用出钢后调渣工艺，冶炼过程中操作与直接溅渣工艺相同，出钢前或出钢后加入适量调渣剂，然后再溅渣。

（4）溅渣枪位随着炉渣（渣量正常条件下）变化而变化，枪位控制范围控制在0.8～2m之间，并随炉渣情况适当进行调整。

（5）停止吹氮，提枪刮渣。

（6）倒尽炉内残渣，检查溅渣效果。

（7）溅渣前确认管道氮气压力满足标准要求。

（8）钢水未出尽，不得溅渣。

（9）溅渣完使用刮渣器对喷枪的粘渣进行清除。

B 操作规范

溅渣护炉时还应遵守以下规范：

（1）由操枪工检查确认各项要求符合溅渣条件后可以下枪进行吹氮操作。

（2）参考氮气流量为18000～22000m^3/h，参考工作压力0.85～1.0MPa。

（3）吹氮枪位0.8～2.0m。

（4）吹氮时间2～4min，严禁吹氮时间大于4min。

（5）每班接班后前三炉钢内应保证取一炉出钢渣样送化验室，并记录分析结果，指导当班操作。渣样的目标控制范围为：碱度为

2.8~4.0，TFe 为 13%~20%，MgO 含量为 8%~12%。原则上出完钢后不调料直接进行溅渣。当炉渣温度高或氧化性强时，可少量调料（不大于 500kg/炉）。

C 安全操作规程

转炉溅渣护炉安全操作规程如下：

（1）工作氧枪每班必须提出氮封检查，检查正常后方可使用。

（2）氧枪漏水、烧损、堵塞、变形等不满足设备标准的情况，不得使用，必须及时换枪。

（3）转炉内有钢水时不得溅渣操作。

（4）总管氮气压力小于 1.7MPa 时，不得溅渣操作。

（5）溅渣设备及仪表必须正常，氮气、氧气有泄漏、互串现象时，严禁溅渣操作。

6.3 复吹转炉底吹透气砖维护

6.3.1 转炉底吹系统参数

6.3.1.1 某厂底吹透气砖基本参数

某厂底吹透气砖由 5×6 根管径 ϕ2mm 不锈钢管组成，两管横距 25mm，纵距 20mm，布置在高为 540mm 的镁碳砖中，其中管长 600mm，气室高度 70mm。底吹透气砖结构如图 6-2 所示，其实物如图 6-3 所示。

6.3.1.2 某厂底吹透气砖的布置

4 块透气砖布置在 0.6D 的同心圆位置，靠耳轴侧两块底吹喷嘴透气砖的夹角为 60°，加料和出钢侧两块透气砖的夹角为 120°。透气砖在炉底的布置如图 6-4 所示。

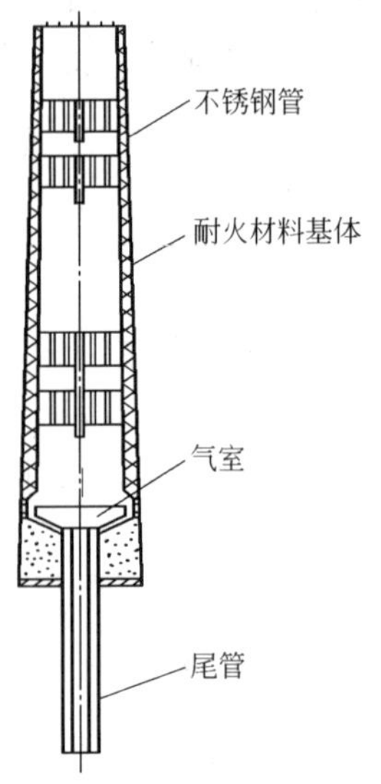

图 6-2 底吹透气砖结构

图 6-3 透气砖实物

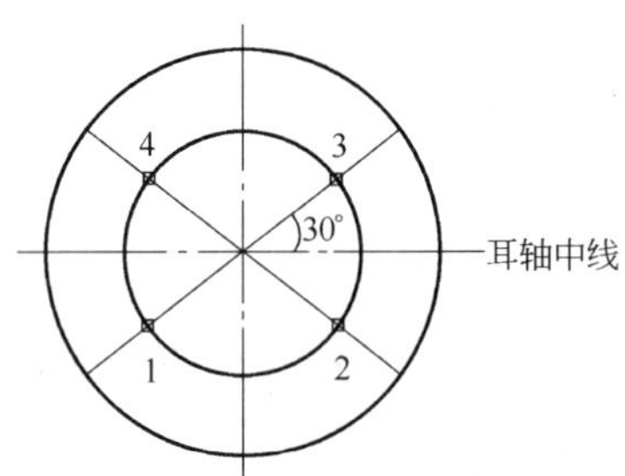

图 6-4 炉底透气砖分布示意图

6.3.1.3 底吹控制方式

底吹采用计算机自动控制，使用氮气和氩气作为底吹搅拌气体，两种气体在底吹阀门室经压力和流量调节后，通过转炉耳轴上的旋转接头供给转炉炉底上的各个透气砖。

6.3.2 底吹透气砖的熔损机理

底吹透气砖的熔损机理包括：

（1）气泡反击；

（2）水锤冲刷；

（3）凹坑熔蚀。

由此可知，在透气砖端部生成“炉渣-金属永久性透气蘑菇头”，可以显著减轻气泡反击、水锤冲刷侵蚀，避免形成“凹坑”，可以显著提高透气砖寿命。

6.3.3 底吹透气砖的寿命

6.3.3.1 影响底吹透气砖寿命的主要因素

影响底吹透气砖寿命的主要因素有：

（1）透气砖的砌筑质量直接影响其寿命。

（2）炉底上涨，造成底吹效果降低，最终导致透气砖堵塞。

（3）炉底过分侵蚀，直接损伤透气砖。

（4）供气元件损坏。

6.3.3.2 提高底吹透气砖寿命的主要措施

提高底吹透气砖寿命的主要措施如下：

（1）严把透气砖的砌筑质量关：

1）砌筑前管道试气吹扫，保证畅通无异物堵塞、干净、干燥。

2）透气砖试气正常方可进行砌筑，砌管时必须保证透气砖位置正确。

3）透气砖与连接件焊接必须保证质量，无漏焊、无虚焊。

4）填料必须严实，不许形成“空洞”。

5）焊接后接风管试气，透气孔用肥皂水涂抹，试气用压缩空气压力为0.2MPa。透气孔气泡均匀密集则表示气孔正常。

6）试气后供气元件头部贴胶带，管道进口用布扎紧，防止异物进入。

（2）炉役前期透气砖的维护 。由于炉役前期炉底透气砖面积小，底吹气体较为集中，而且没有被渣层覆盖而裸露，钢液对透气砖的局部冲刷较大。以上原因使炉役前期透气砖形成凹坑，解决及维护措施如下：

1）采用粘渣涂敷法使炉底挂渣，从而维护透气砖，这种方法是维护透气砖最经济、最有效的方法。

2）坚持粘渣护炉底，在透气砖四周的炉底形成一层致密的渣层，这些渣层明显高于透气砖，并将四块砖紧紧围住。由于炉役前期透气砖供气集中，可以使渣温下降较快，变集中供气为弥散供气，从而达到保护透气砖的目的。此时，透气砖具备高的抗侵蚀能力。

通过粘渣等技术，底吹透气砖端面形成了“炉渣-金属蘑菇头”，流量与压力相当稳定。

（3）控制炉底上涨 。炉役中后期，炉衬砖减薄，溅渣频率加大到90%以上，造成炉底上涨较快且波动大，对复吹透气砖畅通构成威胁，炉底渣层过厚，减弱了底吹供气强度，甚至堵塞透气砖。其主要解决措施如下：

1）出钢后采用直接溅渣技术，避免出钢后调料导致渣料不化而堆积在炉底。

2）控制好溅渣时间，防止炉子竖在零位时间过长而涨炉底，溅渣完毕及时倒掉炉渣。

3）合理进行钢种搭配冶炼，增加冶炼低碳、高温钢的炉数。

（4）由于大量冶炼低碳、高温钢等原因，造成炉底下降，甚至透气砖重新显露出来，此时透气砖会被蚀损，可采取以下措施，使转炉炉底处于受控状态：

1）减少过氧化钢的冶炼，缓解过氧化性炉渣侵蚀炉底。

2）合理控制终点温度，减少高温钢，为溅渣护炉创造条件。

3）必要时留渣操作。

4）保持正常炉型。

（5）采用氧枪吹扫疏通透气砖，防止透气砖堵塞。炉底渣层厚度影响底部透气砖正常供气时，常采用以下方法：

1）低碳、高温钢种出完钢后，顶吹氧气 1min 左右冲刷炉底。

2）适当提高底部透气砖的供气强度。

3）底吹通压缩空气，发现透气砖有亮点即可。

通过以上综合措施，基本实现底吹透气砖寿命和转炉炉龄同步。

转炉炼钢常见事故的排除及预防

＊＊＊＊＊＊＊＊＊＊＊＊＊＊＊＊＊＊＊＊＊＊＊＊＊＊＊＊＊＊

凡造成死亡、伤害、疾病、设备损坏、产品产量发生一次性减产、质量不符合技术标准者，均称为事故。事故分为工伤事故、操作事故、质量事故、设备事故、火灾事故等。事故发生后对事故的调查、分析、处理，必须做到：事故原因不清不放过；责任者未受到处理、群众未接受教育不放过；未提出和落实防范措施不放过。

7.1 转炉常见设备事故的排除及预防

7.1.1 转炉钢水倾覆

7.1.1.1 转炉钢水倾覆的事故原因

转炉钢水倾覆（图 7-1）的事故原因如下：

（1）操作失误，在测温取样或出钢过程中，没有及时停炉。

（2）接近测温取样位或出钢位时，没有采用低速摇炉，转炉转动惯性过大。

（3）倾动掉电，导致转炉不受控制。

（4）倾动抱闸线圈烧或液压推杆内泄，闸打不开，导致不能抬炉。

7.1.1.2 转炉钢水倾覆的处理方法

当发生钢水从炉口溢出的事故时，摇炉者必须做出冷静、迅速

图7-1 转炉钢水倾覆

的第一判断，即属于哪一种原因，并立即采取相应措施：

(1) 如判断为操作失误时，则迅速抬炉（摇炉惯性较大（速度快）时，可能会出现1~2s的延时，转炉才会反向运动）。

(2) 如倾动掉电，则迅速按下就近的操作台上的急停按钮（主控室、炉前和炉后摇炉室都有)，将转炉停住，并通知设备人员检查处理。

(3) 在转炉复位的过程中，应迅速将钢水车和渣车打出炉下渣道，以防止车辆在炉下损坏。随后接好消防水进行灭火和降温。

7.1.1.3 转炉钢水倾覆的预防措施

转炉钢水倾覆的预防措施如下：

(1) 精心操作，在接近测温取样位和出钢位时，采用低速摇炉。

(2) 加强对设备的日常维护，对使用时间过久或有故障征兆的元件及时进行更换。

(3) 定期检查和倒用备用系统，确保正常。

(4) 倾动液压推杆的油位保持正常，发现有内泄者及时更换。

7.1.2 氧枪钢绳掉道

7.1.2.1 氧枪钢绳掉道的事故原因

氧枪（图7-2）钢绳掉道的事故原因如下：

（1）下枪速度过快，进氮封口时由于枪摆动大而顶在氮封口或刮渣器上，导致钢绳松弛。

（2）倒刮渣，枪卡在刮渣器上使钢绳松弛。

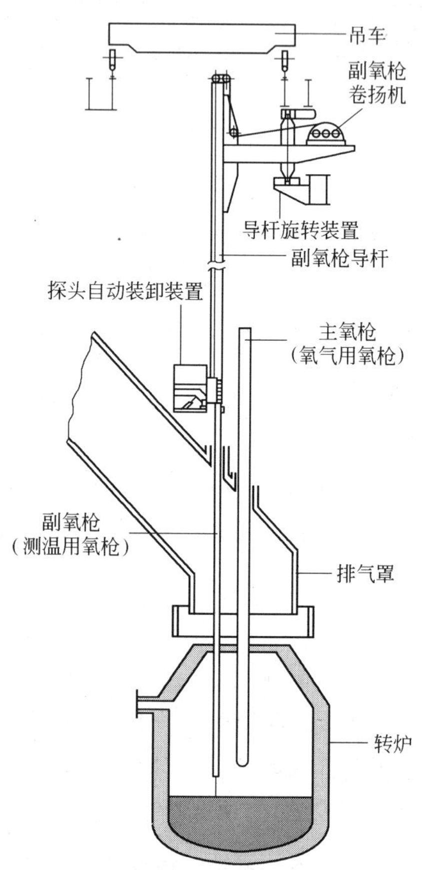

图7-2 转炉氧枪

(3) 刮渣后，氧枪渣筒卡在氮封口附近，下枪时进不入氮封口而使钢绳松弛。

(4) 刮渣器没有打开或此时又没有进行确认，下枪顶在刮渣器上，因刮渣器打不开，而没有及时停止动枪。

当出现以上情况后，因继续提枪或降枪操作则引发掉道。

(5) 氧枪小车卡阻时，电机运动，卷筒运动，小车不动（操作人员未发现），致使钢绳松弛，造成钢绳掉道。

(6) 氧枪未对中（或氮封口偏），氧枪下降时，枪身磨氮封口（特别是枪身不干净或氮封口上有杂物），造成氧枪下降卡阻现象，钢绳掉道。

7.1.2.2 氧枪钢绳掉道的处理方法

当出现氧枪钢绳掉道故障时，氧枪钢绳张力一定会有所反应。操枪过程中如发现钢绳张力偏差大于0.5t或张力回零报警时，应立即停止操枪，并到现场进行确认。氧枪钢绳掉道的处理方法如下：

(1) 用电葫芦及钢绳将小车及氧枪缓慢吊起，让钢绳松弛；

(2) 将掉道钢绳重新落入升降小车定滑轮的绳槽内；

(3) 缓慢放下电葫芦，直至钢绳恢复正常；

(4) 与主控室联系，低速升降氧枪来回几次正常后恢复生产。

如发现钢绳卡死或严重断股、断丝时，则必须倒备用枪生产。

7.1.2.3 氧枪钢绳掉道的预防措施

氧枪钢绳掉道的预防措施如下：

(1) 进氮封口时低速下枪，并注意监视器中下枪情况；

(2) 禁止倒刮渣及强行刮渣（钢）及刮渣器未打开或未完全打开时就下枪；

(3) 氮封口有渣筒时，必须将氮封口平台清完后方可下枪；

(4) 保证防掉道装置处于正常状态。

7.1.2.4 转炉氧枪钢绳报废标准

转炉氧枪钢绳报废标准如下：

（1）在120mm长度内，发现5处以上断丝；

（2）外层钢丝磨损达到其直径的40%或总直径缩小7%；

（3）当出现变形时，如绳股挤出、钢丝挤出、绳径局部增大或减小、扭结、部分压扁和弯折时。

7.1.3 氧枪小车坠落

7.1.3.1 氧枪小车坠落的事故原因

氧枪小车坠落的事故原因如下：

（1）强行刮渣或氧枪小车卡住，拉力超过钢绳极限造成钢绳拉断；

（2）钢绳达到报废标准而没有及时更换；

（3）钢绳掉道没有及时发现，继续下枪后钢绳因单边受力或钢绳有断丝、断股、压扁等隐患而断裂；

（4）钢绳两端任一处钢绳卡松而使钢绳脱落；

（5）钢绳过长或过短，造成钢绳乱槽或易松脱。

7.1.3.2 氧枪小车坠落的处理方法

氧枪小车（图7-3）坠落后，一般情况氧枪因为受到强大的冲击力会使其与固定座脱离，小车仅靠车上三根金属软管拉住。由于现场环境复杂，应根据实际情况采用不同措施。一般处理过程如下：

（1）关掉氧枪进出水阀门及氧气阀门；

（2）用两台氧枪电葫芦，一台挂氧枪一台挂小车，或用钢绳将小车与氧枪锁住，一同用一台电葫芦将枪吊出氮封口；

（3）通知检修人员（必要时封掉氧枪上极限点），将事故枪横

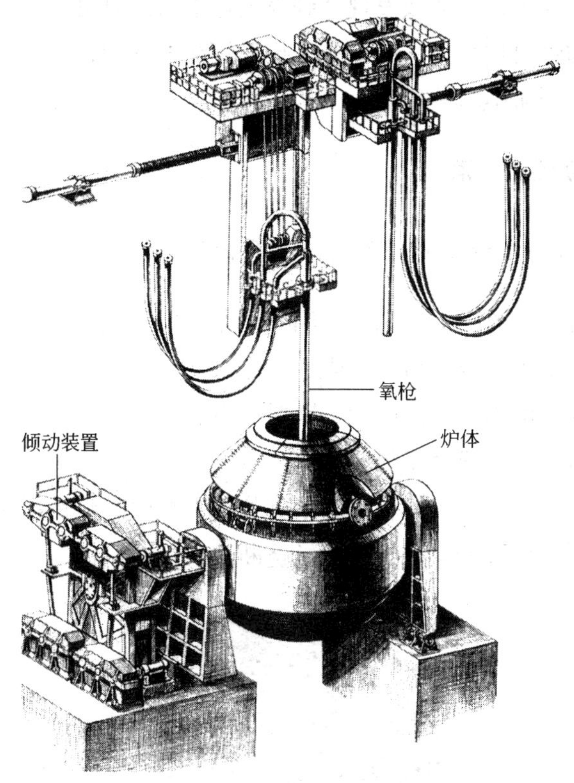

图 7-3　转炉氧枪小车

移出工作位，用氧枪电葫芦挂住小车，拆卸氧枪掉走；

（4）倒备用枪，并检查确认好氧枪各极限点位置；

（5）更换坠落氧枪小车及损坏设备；

（6）确认炉内无水后方可动炉。

7.1.3.3　氧枪小车坠落的预防措施

氧枪小车坠落的预防措施如下：

（1）禁止强行刮渣或刮冷渣，严禁取消连锁；

（2）发现钢绳掉道后，应立即停止操作，待处理好后再下枪；

（3）定期更换钢绳或发现达到报废标准后及时更换；

（4）加强对钢绳卡子的检查维护及钢绳的抹油；

（5）采用防坠落装置。

7.1.4 活动烟罩坠落

7.1.4.1 活动烟罩坠落的事故原因

活动烟罩（图7-4）坠落的事故原因如下：

（1）烟罩不平或有机械卡阻；

（2）钢绳磨损过度或断丝、断股严重；

（3）钢绳卡子或链条松脱；

（4）烟罩上极限失灵，水封槽到位后电机强行将钢绳拉断；

（5）炉口冒火严重，导致绳链烧断。

图7-4 转炉活动烟罩

7.1.4.2 活动烟罩坠落的处理方法

活动烟罩坠落的处理方法如下：

（1）一般情况下，钢绳断在出卷筒外的概率较大，此时可借助卷筒与链条之间的护绳提起烟罩，操作如下：将两根保护绳锁紧后，从卷筒上松出一圈左右的钢绳，重新将两端钢绳拉紧后用卡子紧固；缓慢提罩后，冶炼完炉内钢水交检修人员处理。

（2）如果钢绳破损严重不能再使用时，则必须更换钢绳后，再依照上述步骤处理。

7.1.4.3 活动烟罩坠落的预防措施

活动烟罩坠落的预防措施如下：

（1）钢绳定期更换，达到报废时及时更换，正反螺旋扣丝杆与螺旋扣的结合长度不小于10mm；

（2）保证烟罩的平整及避免烟罩的卡阻；

（3）定期紧固钢绳卡子；

（4）调整烟罩时，注意重锤位不能离平台太远（保持100mm左右），防止提罩惯性过大或上极限失灵造成钢绳拉断；

（5）注意控制炉口冒火，炉口冒火严重时，及时检查调整OG参数，发现绳链有烧红现象时，应立即停止下枪，以防事故扩大；

（6）减少槽底的积物，确保溢流水封槽的水流量不低于规定值，保证水封槽的冷却效果。

7.1.5 冶炼中氧枪不动作（及自动提枪）

7.1.5.1 氧枪不动作（及自动提枪）的故障现象

氧枪不动作（及自动提枪）的故障现象包括：

（1）氧枪在上极限与连锁点（氧枪与倾动）之间动作正常，但在连锁点以下不动作；

（2）氧枪在工作中出现大电流、小电压，氧枪提不出；

（3）氧枪吹炼时，出现自动提枪现象或吹炼时氧枪主令降下时又马上自动提枪；

（4）钢绳松弛导致钢绳张力报警；

（5）控制系统故障；

（6）供电系统停电或主令控制器不受控制；

（7）氧枪抱闸松或粘有润滑油脂导致溜枪；

(8) 氧枪抱闸线圈烧坏。

转炉氧枪系统如图 7-5 所示。

图 7-5 转炉氧枪系统

7.1.5.2 氧枪不动作（及自动提枪）的故障原因

氧枪不动作（及自动提枪）的故障原因如下：

(1) 出现第（1）条故障时，一般情况是转炉倾动与氧枪连锁条件不满足，即倾动零位信号未来或转炉不在零位，此时一助手将转炉摇至零位或通知检修人员检修更换。

(2) 出现第（2）条故障时，一般为氧枪粘渣造成负荷过大，电气控制保护；也可能是抱闸不动作、氧枪卡住等原因。

(3) 出现第（3）条故障时，一般为工艺条件（水、风、气）不满足造成的自动提枪，此时应察看具体报警条件并将故障排除完毕方可动枪，禁止取消连锁。

（4）出现第（4）条故障时，画面张力会显示报警，此时应对氧枪粘渣、刮渣及钢绳掉道等情况进行检查处理后，报警消除方可继续冶炼操作。

（5）出现第（5）条故障时，及时通知检修人员，视故障情况倒备用套工作。

（6）出现第（6）条故障时，为防止事故扩大将氧枪烧坏，一助手可用事故提枪系统将氧枪提到连锁点后进行仔细确认（注意事故提枪的速度较慢，且不能调节、固定，到连锁点后枪会自动停止）。

（7）出现第（7）条故障时，主要为机械电器原因，表现的情况有：抱闸调得太松；闸轮上油脂；氧枪抱闸接触器有卡阻，不能正常吸合。出现上述情况时，按影响原因进行检查处理。

（8）如遇第（8）条故障时，不能轻易动炉，必须用氧枪电葫芦将枪吊出，并倒备用枪炼钢。

7.1.5.3 氧枪不动作（及自动提枪）的预防措施

氧枪不动作（及自动提枪）的预防措施如下：

（1）加强冶炼中对枪身粘渣（钢）的控制，并禁止强行刮渣（钢）；

（2）摇炉尽量接近理论零位，减少吹炼过程中炉身晃动而导致零位跑偏；

（3）加强氧枪管路中各阀门、金属软管等连接部位泄漏的监测；

（4）经常检查抱闸并将其间隙调整到正常范围内，禁止闸轮上粘有油类物质；

（5）定期检查事故提枪和备用套，确保正常。

7.1.6 加料口堵塞

7.1.6.1 造成加料口堵塞的原因

造成加料口堵塞的原因如下：

（1）溜槽设计上的问题。例如，溜槽斜度不够，下料时因料的下降冲力不足而被堵塞在加料口。

（2）加料口漏水。由于加料口漏水，使散状料及炉渣黏结在出口处而造成加料的堵塞。

（3）喷溅。喷溅特别是大喷溅，使钢、渣飞溅到加料口累积起来，从而造成加料口堵塞。

7.1.6.2 加料口堵塞后的处理措施

加料口堵塞后的处理措施如下：

（1）在溜槽上开一观察孔（加盖，平时关闭），处理时打开观察孔盖，将撬棒从孔中伸到结瘤处，然后用力凿或用榔头敲打撬棒，击穿、打碎堵塞物后使加料口畅通。这种方法是目前最主要和常用的方法，也较安全。

（2）如用氧气烧开则要用低氧压，在用氧过程中要加强观察，注意安全。

7.1.6.3 防止加料口堵塞的预防措施

防止加料口堵塞预防措施如下：

（1）堵塞如属溜槽设计中的问题，则需要大修中进行改造。

（2）如因漏水造成堵塞，必须查明漏水原因并修复。

7.1.7 转炉设备漏水

7.1.7.1 设备漏水的常见现象

转炉设备漏水主要包括氧枪漏水、炉口水箱漏水和汽化冷却烟道漏水。具体介绍如下：

（1）氧枪漏水：

1）氧枪漏水常发生在喷头与枪身的接缝处。

2）其次是喷头端面。在氧枪喷头喷孔气流出口之间及喷孔的出口附近有一个负压区。当冶炼过程出现金属喷溅时，负压会引导喷溅的金属粒子冲击喷头端面，引起喷头端面磨损，从而导致氧枪漏水。

3）喷头的材质不良也会漏水。

4）氧枪中套管定位块脱落。中套管定位偏离氧枪中心，冷却水水量不均匀，局部偏小部位的外套管易在吹炼时烧穿。

5）氧枪枪身材质有问题。在枪身靠近熔池部位也会烧穿而漏水。

（2）炉口水箱漏水。炉口水箱漏水最常发生的地方是在直接受火焰冲刷的一圈圆周上，此处温度最高，受冲刷也最厉害；而且也是制造加工上的薄弱环节，应力最大；同时此处易被铁水包或废钢斗碰撞擦伤，在倒渣时带出少量钢水，都会加速该处的熔损。

（3）汽化冷却烟道漏水。汽化冷却烟道漏水常发生在密排无缝钢管与固定支架连接处，由于该处在热胀冷缩时应力最大，常会发生疲劳裂纹而导致漏水。其实是与烟气接触的一侧，哪一根无缝钢管由于水路堵塞水量减少，哪一根就会发红、漏水。

7.1.7.2 氧枪及设备漏水的处理方法

氧枪及设备漏水的处理方法如下：

（1）氧枪漏水。在吹炼过程中如发现氧枪严重漏水，应立即进行下述几项操作：

1）立即提枪，关闭氧气快速阀，切断供氧；关闭氧枪冷却用高压水。

2）绝对不准倾动转炉炉体，以避免引发剧烈爆炸，必须待炉内积水全部蒸发，炉口不冒蒸汽，在确保炉内无水时方可倾动炉体，观察炉内情况；若丢入木块或者布块可以燃烧，可以判断为水已经蒸发。

3）尽快地换枪，然后用新枪重新吹炼，避免造成冻炉事故，如温度偏低可加入适量焦炭帮助升温；同时应仔细检查换下的氧枪，找出漏水原因，并制定预防措施。

（2）汽化冷却烟道漏水。汽化冷却烟道漏水的发展有一个过程，当水漏得较大时在倒炉出钢时就可发现。发现漏水后，可在安排转炉补炉的同时进行烟道补焊工作。只要平时加强对汽化烟道的维护保养，汽化烟道的漏水现象是可以减少的。

（3）炉口漏水。大部分炉口漏水是由于倒渣操作失误，钢水从炉口倒出，将水冷炉口熔穿。也有因应力作用或加废钢、兑铁水或清炉口时外力作用，造成局部焊缝开裂而漏水。检查出漏水后，可以进行炉口焊补作业。一般以5000炉左右为周期对水冷炉口进行更换检修。

7.1.7.3 氧枪或设备漏水的预防措施

氧枪或设备漏水的预防措施如下：

（1）氧枪严重漏水时，绝对不准倾动转炉炉体，避免引发剧烈爆炸。

（2）兑铁水、加废钢、倒渣、清炉口时严禁损坏炉口水箱。

（3）冶炼时精心操作，尽量不要产生喷溅和“返干”。

（4）冶炼操作时，注意氧枪的枪位变化，严禁枪位过低操作。

7.2 转炉常见工艺事故的排除及预防

7.2.1 回炉钢水

由于钢水成分、温度不符合浇注要求或者因为设备故障、节奏衔接不上等原因导致部分钢水或者全部钢水必须重新兑入转炉内进行冶炼称为回炉。这种钢水称为回炉钢水。

7.2.1.1 产生回炉钢水的原因

产生回炉钢水的原因如下：

（1）钢水成分不符合计划安排所炼钢种的要求而回炉。造成钢水因成分不合格回炉的主要因素有：

1）合金加料斗或合金溜槽堵塞，或合金溜槽没有对准钢包，合金没有加入钢包内造成化学成分低出格。合金品种漏加，一旦发现时出钢已经结束，无法挽回。

2）由于某种原因造成合金收得率低，成分低出格。

3）由于装入量不准（一般偏少），且吹炼过程严重喷溅，出完钢时出现钢水量严重不足，而合金却没有减少，造成化学成分高出格。

4）炉长没按规定等待终点成分报出就凭经验出钢。待成分报出时，发现终点磷或硫不合格，但已经出钢完毕，钢水只能回炉。

（2）出钢温度控制不当，造成低温钢，钢水在钢包内冻结水口，无法浇注，只能回炉。

（3）设备原因或者后道工序原因造成的回炉。

7.2.1.2　回炉钢水的处理措施

产生回炉钢水时，一般是将钢水兑入铁水包，然后再用铁水包兑入转炉重新吹炼。由于回炉钢水含硅、磷较低，碳也较低，钢水中化学热不高。而且回炉钢水在回炉的输送过程中还有温降。因此一般来讲，整炉回炉的钢水是不能直接回炉吹炼的，而是要与铁水按比例配合再回炉，利用铁水的化学热来进行回炉钢水的冶炼。整炉回炉钢水的回炉不能一次使用完，要分几次回炉，以防热量不足，无法化渣。回炉钢水兑入转炉时要注意防止喷溅发生。

7.2.1.3　防止回炉钢水的措施

从上述分析可见，造成回炉钢水的原因是多种多样的。其中，管理工作起到十分重要的作用，其次是操作人员的工作责任心和操作技能问题。因此，减少和防止回炉钢水事故可采取以下措施：

（1）严格执行工艺纪律。岗位员工要“学标准、懂标准、用标准”。严格按照操作标准和工艺纪律组织炼钢生产，减少回炉钢水的产生。

（2）加强设备的点检及维护工作。设备正常完好地运行是炼钢各工序正常作业的基本保证，做好设备维护保养工作，不仅是设备维修专业人员的责任，同时也是操作设备的生产工人的责任。设备的正常运行可以大幅度减少回炉钢水。

（3）提高操作技能，严格钢水温度管理制度及钢包管理制度，确保钢水的质量，减少操作事故。钢水的质量问题主要包括两方面：钢水的温度控制和钢水的成分控制。

7.2.2 氧枪点不着火

7.2.2.1 氧枪点不着火的原因

氧枪点不着火的原因包括：

（1）炉料配比中轻薄废钢太多，加入后在炉内堆积过高，致使氧流冲不到液面，造成氧枪点不着火。

（2）操作不当。在开吹前已经加入了过多的石灰、白云石等熔剂，大量的熔剂在熔池液面上造成结块，氧气流冲不开结块层，也可能使氧枪点不着火。

（3）发生某种事故后使熔池表层冻结，造成氧枪点不着火。

（4）补炉料在进炉后大片塌落，或者溅渣护炉后有黏稠炉渣浮起，存在于熔池表面均可能使氧枪点不着火。

7.2.2.2 氧枪点不着火的处理措施

氧枪点不着火的处理措施包括：

（1）配料时轻、中、重废钢的比例要适宜，即轻、薄料废钢不宜过多。

（2）正式冶炼时，必须遵守操作规程，先降枪吹氧，再加第一批渣料，这样就不会发生氧枪点不着火的情况。

（3）如果冷料层过厚、结块等原因使氧枪点不着火，一般可以用下列方法来处理：

1）摇动炉子，使炉料做相对运动，打散冷料结块，同时让液体冲开冷料层并部分残留在冷料表面，促使氧枪点火。

2）调大氧气压力，枪位上下多次移动，使氧流冲开结块与液面接触，促成点火。

3）摇动炉子使凝固的熔池表面破裂。

4）补加部分铁水点火吹炼。

7.2.2.3　氧枪点不着火的预防措施

氧枪点不着火的预防措施包括：

（1）坚持精料方针。有混铁炉的钢厂，对铁水温度较低的铁水要先进混铁炉调整温度。

（2）若转炉长时间不冶炼，要采取保温措施。

（3）回炉钢水要混匀后再进行冶炼。

7.2.3　氧枪粘钢

7.2.3.1　造成氧枪粘钢的主要原因

氧枪粘钢的主要原因是由于吹炼过程中炉渣化得不好或枪位过低等，炉渣发生返干现象，金属喷溅严重并黏结在氧枪上；另外，喷嘴结构不合理，工作氧压高等对氧枪粘钢也有一定的影响。具体介绍如下：

（1）吹炼过程中炉渣没有化好、化透，炉渣流动性差。由于操作人员没有精心操作或者操作不熟练、操作经验不足，使冶炼前期炉渣化得太迟，或者过程炉渣未化透，甚至在冶炼中期发生了炉渣严重“返干”现象，这时继续吹炼会造成严重的金属喷溅，使氧枪产生粘钢。

（2）由于氧枪喷头至熔池液面的距离不合适，枪位过低造成金属喷溅，喷溅物容易黏结在枪体上，形成氧枪粘钢。造成枪位过低的主要原因有以下几点：

1）转炉入炉铁水和废钢装入量不准，而且是严重超装，还是按常规枪位操作。

2）由于转炉炉衬的补炉产生过补现象，炉膛体积缩小，造成熔池液面上升，未及时调整枪位。

3）由于溅渣护炉操作不当造成转炉炉底上涨，从而使熔池液面上升，氧枪喷嘴与液面的距离近，容易产生粘枪事故。

7.2.3.2 氧枪粘钢的处理方法

氧枪粘钢的处理方法如下：

（1）以粘渣为主的氧枪粘钢现象，可用长钢管对着氧枪粘钢处人工进行撞击，渣块被击碎跌落，氧枪可恢复正常工作。

（2）对于金属喷溅引起的氧枪粘钢，粘钢物是钢渣夹层混合所致，用撞击的办法无法清除，用火焰割炬也不易清除，采用倒换氧枪，离线处理。

（3）因粘钢严重氧枪不能提出炉口，可将氧枪割除，然后换枪继续冶炼。但是割枪操作是一项十分危险的工作，必须严格执行操作规程。割枪时必须做到以下几点：

1）必须将炉内的钢渣全部倒清，才能将割断的枪掉入炉内；

2）割枪前必须将氧枪进出水阀门关闭。

7.2.3.3 氧枪粘钢的预防措施

氧枪粘钢的预防措施如下：

（1）精心操作，根据化渣原则“初渣早化，过程化透，终渣做黏”，避免炉渣严重“返干”。

（2）采用挡渣操作，尽量将钢水出尽，避免在溅渣操作时氧枪粘钢。

（3）保证刮渣器等设备使用正常设备。

（4）采用倒锥度氧枪。

7.2.4　大喷溅

转炉炼钢过程中，由于种种原因致使大量炉渣和金属液体从炉口以巨大的动能喷出的现象称为大喷溅（图7-6）。大喷溅有两种类型：兑铁水时形成的大喷溅和在吹炼过程中形成的大喷溅。

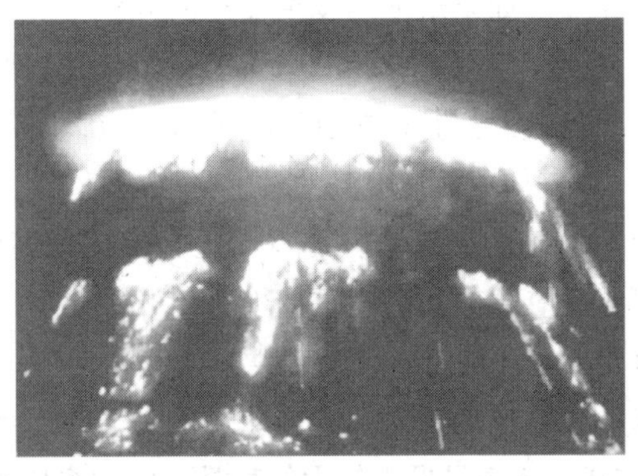

图7-6　转炉大喷溅

7.2.4.1　大喷溅产生的原因

大喷溅产生的原因概括如下：

（1）兑铁水时产生大喷溅的原因。兑铁水大喷溅只发生在前一炉钢渣没有倒净的情况下。因为转炉在吹炼到终点时，钢中的碳含量相应很低，钢中氧含量及炉渣氧化性都较高，炉内本身的温度也较高，兑入的铁水带入大量的碳。在高温的条件下，剧烈的碳氧反应会产生爆炸，将兑入的铁水和残余钢渣以巨大的动能喷出炉口，造成设备损坏和安全事故，危害极其严重。

（2）吹炼过程产生大喷溅的原因。吹炼过程产生大喷溅的主要原因是渣中积累较多的氧化铁起先没有参与反应，而积累到一定浓度时突然参与反应，从而使脱碳速度猛增而引起的。因此，在较长时间的吊吹或氧枪点不着火的情况下都会爆发严重的喷溅。

7.2.4.2　喷溅与炼钢工艺参数的关系

喷溅与炼钢工艺参数的关系如下：

（1）氧压及枪位。氧压过小即相当于枪位过高，氧化反应不激烈，会使 FeO 含量上升，达到一定程度就会导致喷溅的发生。

（2）熔池温度。如果熔池温度突然短时间地下降，致使碳氧反应速度减缓，必然会导致 FeO 的过多积累。在温度重新上升到 1470℃以上时，会突然发生非常激烈的碳氧反应，瞬间产生大量具有巨大能量的 CO 气体，促使喷溅的发生。

（3）加渣料时间。如果渣料加得太迟会突然使熔池温度下降，从而遏制了碳氧反应。待到温度重新上升后，碳氧反应突然以非常猛烈的速度爆发出来，从而形成大喷溅。

（4）喷溅与炉容比的关系。炉容比大的炉子，产生碳氧反应的 CO 气体比较流通，不容易发生较大的喷溅，而炉容比小的炉子则容易产生喷溅。

7.2.4.3　发生喷溅的处理方法

发生喷溅的处理方法如下：

（1）对于泡沫喷溅。低温泡沫喷溅一般在前期发生，由于前期温度较低，熔池内反应还不是很激烈，可以及时降低枪位以强化碳氧反应，减少渣中 FeO 积累并迅速提温，消除喷溅。对于冶炼中期的泡沫喷溅，可适当提枪，一方面降低碳的氧化反应速度和熔池升温速度，另一方面借助于氧气流股的冲击作用吹开泡沫渣，促使 CO

气体的排出。当炉温很高时，可以在提枪的同时适量加入一些白云石或石灰等冷却熔池，稠化炉渣，也有利于抑制喷溅。

（2）金属喷溅。可以适当提枪以提高渣中 FeO 含量，并可加入适量化渣剂。值得注意的是，如果喷溅原因不明，绝不能盲目处理。必要时可以停吹倒渣，减少喷溅所带来的损失。

（3）处理喷溅的注意事项：

1）对于兑铁水发生的大喷溅，兑铁水前必须倒尽炉内的残余钢渣；对于采用留渣操作工艺的转炉厂，兑铁前必须严格按规程做好各项操作，如降低炉渣温度（加石灰）、降低渣子氧化性（加还原剂）等，方可兑铁水。

2）控制好熔池温度，前期温度不过低，中期温度不过高，保证熔池均匀升温、碳氧反应均衡进行，消除突发性的碳氧反应。

3）通过枪位及氧流量的调节控制好渣中 FeO 含量，不使 FeO 过分积累升高，以免造成炉渣过分发泡或引起爆发性碳氧反应而形成喷溅。冶炼中期要防止渣中 FeO 含量过低，引起炉渣返干而造成金属喷溅。

4）第二批渣料的加入时间要适宜，且应少量、多批加入，以免炉温突然明显下降，抑制碳氧反应，从而消除突发性碳氧反应的可能。

7.2.4.4 转炉发生喷溅的预防措施

转炉发生喷溅的预防措施如下：

（1）观察火焰，从火焰特征中发现喷溅预兆：

1）当火焰较暗，较长时间温度升不上去，并有少量渣子随着火焰被带出炉外，此时往往会发生喷溅，应及时降低枪位以求快速升温及降低 FeO 含量，同时延迟加入冷料，预防喷溅发生。

2）当火焰较亮且较硬直冲，有少量渣子随着火焰带出炉外，且声音刺耳，炉渣也化得不好时，往往容易产生高温喷溅。应针对具体炉况采取必要的措施，或提枪促使 FeO 增加来加速化渣，或加冷料来降温，或两者兼用来防止和减少喷溅的发生。

（2）应用音频化渣仪上的音频曲线预报喷溅。音频化渣仪是通过检测转炉炼钢过程中的噪声强弱来判断炉内化渣状况的。操作者可以根据化渣曲线来判断分析是否会产生喷溅，当化渣曲线达到喷溅预警线时，就意味着将会发生喷溅，提示操作者应采取适当的措施，预防喷溅的发生。

7.2.5 转炉炉下钢包穿包事故

从高温钢水进入钢包时起，直至钢水全部从水口流出的整个工艺操作阶段，发生钢水从钢包水口以外的底部或壁部漏出，则称为穿包事故。钢包穿包事故根据穿漏部位不同可分为 4 种：穿渣线、穿包壁、穿包底、穿透气砖。

7.2.5.1 造成穿包事故的原因

造成穿包事故的原因如下：

（1）钢水温度过高、氧化性过强。

（2）耐火材料质量不好或者钢包砌筑质量不好。

（3）钢包底吹氩透气砖质量不好。

（4）钢包水口阀板未关严实或热修时水口安装不当。

7.2.5.2 穿包事故的处理方法

转炉炉下钢包穿包事故的处理方法如下：

（1）发生转炉炉下钢包穿包事故时，必须马上抬炉，停止出钢。

（2）同时马上将钢水车开出炉下渣道，避免钢水车损坏。

（3）将钢包吊运到事故处理区处理。

（4）发生穿包事故必须通知操作区周围的有关人员注意事故包的运行方向，并及时避让，防止钢水飞溅伤人。

7.2.5.3 穿包事故的预防措施

穿包事故的预防措施如下：

（1）认真检查钢包。为了防止出钢、精炼、浇注过程中出现穿包事故，使用前必须加强对钢包的检查。

（2）对于耐火材料，包括耐火砖、耐火泥、浇注材料等，应该按标准要求进行质量验收。在钢包修砌过程中发现质量问题也要及时采取措施，确认有问题的要整批停用。

（3）对于更换新衬的钢包要检查工作层的砌筑质量。整体浇注炉衬的钢包，如发现有裂纹，则需修补或重新浇注、打结。砌筑包的砖不符合要求的也要重砌。

（4）使用过的钢包再次使用前必须在红热状态下清除残余钢渣，再详细检查侵蚀情况。当钢包准备完毕，如发现炉衬坍塌、大面积剥落等现象则必须弃用，重新准备钢包。

（5）钢包热修时要重点检查底吹透气砖、水口、阀板的安装质量。

7.3 转炉护炉过程中常见事故的排除及预防

7.3.1 转炉塌炉事故

转炉塌炉有两种类型：新砌转炉塌炉和补炉料塌炉。对于一个炉役来说，新炉塌炉仅有一次可能，而补炉塌炉的几率则大很多。因此，补炉对转炉炼钢来讲是一项十分重要的工作。

7.3.1.1 塌炉的原因

造成转炉塌炉的原因包括：

（1）补炉前炉内残渣未倒净，损坏炉衬的表面附有一层熔融状的炉渣，补炉时补上去的补炉料不能直接与炉衬表面粘在一起或黏结不牢固，冶炼时就容易塌落下来。

（2）补炉料过多，烧结时间不足，都会使补炉料中的碳素未能充分形成骨架，补炉料与炉衬本体还未完全固结为一体。在冶炼过程中，补炉料脱离炉体而剥落下来，造成塌炉。补炉前，被补炉衬的表面过分光滑，且补炉料层过厚，两者不易牢固烧结，也容易造成塌炉。

（3）炉衬砖及补炉料的质量问题。转炉的炉衬采用镁碳砖后，新开炉的塌炉事故就明显减少了。但镁碳砖也存在高温剥落问题，严重剥落就会引起塌炉，这往往是由于砖的质量问题所致。

7.3.1.2　塌炉的征兆

塌炉的征兆如下：

（1）倒炉时，补炉处或者贴砖处有黑烟冒出，说明该处可能塌炉。

（2）倒炉时，熔池液面有不正常的翻动。

（3）补炉后在兑铁水时有大量的浓厚黑烟从炉口冲出，则说明已发生塌炉。即使没有发生塌炉，但由于补炉料的烧结不良，也有可能在冶炼过程中塌炉。在冶炼中仍应仔细观察火焰，以掌握炉内是否发生塌炉事故。

（4）新开炉冶炼时，如果发现炉气特“冲”并冒浓烟，意味着已经发生塌炉。

7.3.1.3　发生塌炉事故的处理方法和注意事项

A　处理方法

发生塌炉事故时，首先检查操作人员有无烫伤，并及时救护，然后要确认塌炉的原因：

（1）新炉塌炉，应尽快地将炉内钢水倒入钢包；然后检查塌炉情况及部位，如大面积塌炉，则炉衬只能报废重砌。

（2）对于补炉时造成的塌炉事故，处理方法如下：

1）炉渣清理。塌炉后，塌炉料已进入炉渣，出钢后特别注意将炉渣倒干净。

2）钢水处理。塌炉后塌炉料进入炉渣，也会因此增加钢水中非金属夹杂物，要更改冶炼计划。

3）炉衬处理。由于塌炉，炉衬受损严重，出钢后要对塌炉区域重新进行补炉。

B　注意事项

处理塌炉事故时的注意事项如下：

（1）操作时要防止塌炉事故的发生，站立地方要有退路。倒渣及出钢时，在炉口前方不能站人。待炉子摇平后方能取样、测温，操作时人应站在炉门的两侧，动作要快，发现异常情况应迅速向两侧避让。

（2）补炉后的第一炉冶炼时，要设立“警示牌”，人员要绕道行走，远离危险区域。

7.3.1.4　塌炉事故的预防措施

塌炉事故的预防措施如下：

（1）补炉塌炉事故的预防：

1）补炉前一炉出钢后要将残渣倒干净，且炉子倾倒360°。

2）每次补炉用的补炉料数量不应过多，特别是开始补炉的第一、二次，一定要遵循“均匀、薄补”的原则，宜少量多次，有利于提高烧结质量，防止和减少塌炉。

3）补炉后的烧结时间要充分，这是预防塌炉发生的一个关键所在。补炉后若烧结时间充分，能提高烧结质量，可以避免塌炉事故。

4）补炉后的第一炉一般采用全铁水吹炼，不加冷料，要求吹炼过程平稳，氧压及供氧强度适中，特别要求炼钢温度适当地控制在上限，以保证补炉料更好地烧结。如有可能的话，适当提高渣中的

MgO 含量，有利于补炉料补牢。

（2）防止新开第一炉塌炉：

1）为了防止新开第一炉塌炉，首先要保证砖的质量，保证砌炉质量，砖缝砌得紧密，避免在吹炼过程中或倒炉时因砖脱落而造成塌炉事故。

2）新开第一炉在吹炼前应配加一定量的焦炭进行烘炉操作。前 3 炉一般采用纯铁水冶炼，以保证有足够的热量；新开炉前 10 炉应连续吹炼。

7.3.2 出钢口堵塞

7.3.2.1 出钢口堵塞的常见原因

出钢口堵塞的常见原因如下：

（1）上一炉出钢后没有堵出钢口，在冶炼过程中钢水、炉渣进入出钢口，使出钢口堵塞。

（2）上一炉出钢倒渣后，出钢口内残留钢渣未全部凿清就堵出钢口，致使下一炉出钢口堵塞。

（3）新出钢口一般口小、孔长，堵塞未到位，在冶炼过程中钢水、炉渣灌进孔道致使堵塞。

（4）在出钢时，熔池内脱落的炉衬砖、结块的渣料进入出钢口，也可能造成出钢口堵塞。

（5）采用挡渣球挡渣出钢，在下一炉出钢前，没有将上一炉的挡渣球捅开，造成出钢口堵塞。

7.3.2.2 出钢口堵塞的处理方法

通常出钢时，转炉向后摇至开出钢口位置，用钢钎捅几下出钢口即可捅开，使钢水能正常流出。如发生捅不开的出钢口堵塞事故，则可以采取以下方法排除：

（1）如一般性堵塞，可由数人共握钢钎合力冲撞出钢口，强行捅开出钢口。

（2）如堵塞严重时，则应使用氧气来烧开出钢口。

（3）如出钢过程中有堵塞物，如散落的炉衬砖或结块的渣料等堵塞出钢口，则必须将转炉从出钢位置摇回到开出钢口位置，清除堵塞物使孔道畅通，再将转炉摇到出钢位置继续出钢。这对钢质将造成不良影响。

7.3.2.3 出钢口堵塞的预防措施

出钢口堵塞的预防措施如下：

（1）新下出钢口必须检查确认内口正常之后才能兑铁水冶炼。

（2）出完钢之后，必须清理出钢口内口和外口。

（3）采用挡渣球工艺，出完钢后要把挡渣球捅开。

7.3.3 穿炉事故

穿炉事故一般发生的部位有：炉底、炉底与炉身接缝处、炉身。炉身又分为前大面（倒渣侧）、后大面（出钢侧）、耳轴侧或出钢口周围。当遇到穿炉事故时，要立即判断出穿炉的部位，并尽快倾动炉子，使钢水液面离开穿漏区。如果穿炉事故比较严重，有时会出现漏水的情况，此时应立即切断漏水水源，严禁摇炉，待炉内积水全部蒸发后方可动炉。转炉穿炉后修补炉壳如图 7-7 所示。

7.3.3.1 发生穿炉事故的原因

发生穿炉事故的原因主要包括：

（1）炉底穿炉，一般是由于炉底砖侵蚀严重、炉底过低引起，也有的是由于长时间洗炉底操作导致炉底穿炉。

（2）炉底与炉身接缝处穿炉是由于炉底接缝插销松动、炉底比较低等原因导致。为避免接缝处穿炉，现在转炉一般采用固定炉底。

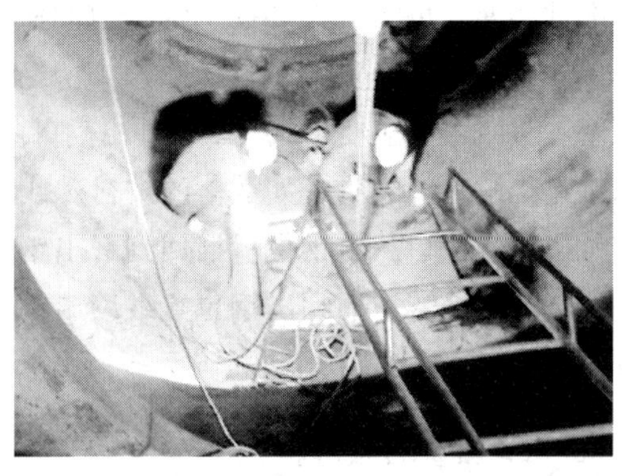

图 7-7 转炉穿炉后修补炉壳

（3）前、后大面穿炉主要是因为炉衬较薄，被高温钢水侵蚀造成的。

（4）出钢口部位穿炉，主要是由于出钢口内口大，出钢口座砖损坏造成的。

7.3.3.2 发生穿炉事故后的处理方法

发生穿炉事故后的处理方法如下：

（1）若冶炼过程中发现炉帽、耳轴炉壳发红或漏钢，一助手应立即提枪停止吹炼，向反方向摇炉，由炉长指挥出钢后，进行补炉。

（2）若冶炼过程中发现炉底漏钢，一助手应立即提枪停止吹炼，向漏钢部位反方向摇炉，由炉长指挥出钢后，进行补炉。如果情况严重必须停炉。

（3）如漏钢部位在后大面靠近出钢口一侧，由炉长指挥一助手从炉口把炉内钢水出完后，再进行补炉。

（4）若在出钢过程中发现后大面漏钢，炉长应立即指挥停止出钢，同时向漏炉反方向摇炉，钢包开到倒渣位，由炉口把炉内钢水出完后，再进行补炉。

（5）如果穿炉事故比较严重，出现漏水的情况，必须切断水源，严禁动炉，防止爆炸。

7.3.3.3 穿炉事故发生的预防措施

穿炉事故发生的预防措施如下：

（1）炉前操作人员应严格执行各项炉体维护制度，稳定操作，避免钢水过氧化，减少炉衬侵蚀。

（2）接班时认真检查炉况，包括炉底接缝、出钢口、前后大面等部位，发现炉况不好及时组织补炉或更换出钢口：

1）从炉壳检查。如发现炉壳钢板的表面颜色由黑变灰白，随后又逐渐变红（由暗红到红），变色面积也由小到大，说明炉衬砖在逐渐变薄，向外传递的热量在逐渐增加。当炉壳钢板表面颜色变红，往往是穿炉漏钢的先兆，应先补炉后，再冶炼。

2）从炉口和出钢口向内检查。如发现炉衬侵蚀严重，已达到可见保护砖的程度，应该重点补炉。对于后期炉子，其炉衬本来已经较薄，如果发现凹坑（一般凹坑处发黑），则说明该处的炉衬更薄，极易发生穿炉事故。

3）炉长应指挥在班前、班中及时测量炉底深度，保持炉底平稳，避免炉底大幅涨跌。

4）吹炼过程中，氧气压力和流量不能超出标准值。氧枪作用区不得接近炉底。

5）维护好炉底，防止炉底下降。若炉底过高，洗炉底操作时一定要谨慎。

6）控制好炼钢节奏，减少泡炉时间。

7）炉长应在每炉出钢及倒渣时观察炉衬情况，若炉衬砖侵蚀严重或局部炉壳发红，应及时组织补炉。

7.3.4 冻炉事故

转炉炼钢过程中由于某种突发因素，造成转炉长时间中断吹炼，造成大部分或全部钢水在转炉内凝固，称为转炉冻炉事故。

7.3.4.1 造成冻炉事故的原因

造成冻炉事故的原因如下：

（1）吹炼过程中由于某种设备原因造成转炉长时间无法转动，钢水留在转炉内无法倒出，最后形成冻炉。

（2）转炉穿炉事故，或出钢时出现穿包事故，流出的钢水将钢包车烧坏无法行动，而转炉内剩余钢水没有出完，引起冻炉事故。

（3）氧枪喷头熔穿，大量冷却水进入炉内，需长时间排水和蒸发后方能动炉和吹炼，结果在动炉前就已形成冻炉。

7.3.4.2 发生冻炉事故后的处理方法

发生冻炉事故后的处理方法如下：

（1）如停炉时间很长，炉内钢水已全部凝固，则只能先兑入部分铁水，并加入一定量的焦炭、铝块或硅铁，然后吹氧升温。

（2）若冻炉量较大，一次不能处理完，则重复上述操作，直至凝固的钢水全部熔化掉。

（3）在冻炉量不大的情况下，则尽可能一次吹炼将冷钢清洗完，同时还能得到一炉合格的钢水，以减少经济损失。

（4）如果冻炉还没有全部凝固，但熔池面凝固壳已很厚，处理方法同上，但在兑铁水时必须十分小心，避免产生喷溅。

7.3.4.3 冻炉事故的预防措施

冻炉事故的预防措施如下：

（1）如发现传动设备有异常现象，如传动声音不正常，运行不平稳，或发现转炉与托圈的固定有松动现象，必须及时地安排检查及维修。

（2）如出现电力供应问题，则应尽快倒出炉内钢水，避免冻炉。

（3）应避免炉内进水的事故出现。

（4）工艺操作人员精心操作，减少失误，防止冻炉。

7.4 转炉生产事故实例

7.4.1 炉底接缝冒火、漏钢事故

7.4.1.1 事故经过

2006 年某日，某班转炉冶炼钢种 SAE1006，一倒温度 1574℃，补吹 120s，终点温度 1698℃；一倒发现接缝多处冒火，炉长立即通知喷补班喷补炉底接缝，利用等样时间喷炉后接缝。补吹 40s 后组织出钢，出钢过程观察到炉底北耳轴下有空洞，且有钢水流出。出完钢溅渣后，对耳轴下部空洞进行喷补处理，共影响时间 96min，造成浇次中断。

7.4.1.2 事故原因

经分析，造成此次事故原因包括：

（1）当班操作不当是造成此次事故的直接原因。连续多炉一倒温度过低，终点过氧化，将溅渣层破坏，致使炉底接缝露出。直接导致炉底接缝冒火，并在出钢过程中漏钢。

（2）当班炉长操作不当，对温度把握不准，多次后吹是造成事故的主要原因。

（3）因转炉冶炼强度大，补炉计划落实不到位，是造成事故的另一原因。

（4）炉后无烤包器烘烤大罐，出钢温度高，致使炉衬侵蚀严重，

是造成事故的又一原因。

7.4.1.3　预防整改措施

预防整改措施包括：

（1）当班炉长每炼完一炉钢都要仔细地观察炉况，发现薄弱环节要重点关注，尤其是北耳轴下部不得亏料，做到提前预防，提前报计划进行维护。

（2）每天安排一次补炉时间，并合理安排钢种搭配冶炼。

（3）当班冶炼必须按节奏出钢，严禁钢水终点泡炉大于 10min，铁水泡炉大于 20min。若发现泡炉时间长，必须与调度室协调，及时组织出钢。

（4）修复炉后钢包烤包器。

7.4.2　补炉操作不当喷渣，工人避让不及烫伤

7.4.2.1　事故经过

2007 年某日，某钢铁公司转炉炼钢厂炼钢工段长向当班生产调度申请利用 2 号铸机组织浇次 40min 的时间对 1 号转炉进行补炉。17∶38，1 号转炉出完当班第三炉钢后，1 号转炉炉长准备补炉料。17∶50，指挥天车将 1t 补炉料倒入炉内。炉长将转炉前后摇动 5min 左右，用氧管对炉内吹氧加速烧结。18∶30，1 号转炉开始加废钢兑铁水吹氧冶炼。18∶50 组织出钢，炉长在炉后摇炉房操作摇炉，炉前工在炉后挡火门南侧用铁锹铲渣土压渣。18∶52，炉内发喷，大量的火焰和液态钢渣从挡火门间隙涌出将炉前工烧伤，转炉炼钢厂及时将伤者送往医院抢救和治疗，经诊断：炉前工（男，29 岁）颜面、颈部、躯干、四肢等烧伤面积为 80%（浅Ⅱ°5%、深Ⅱ°30%、Ⅲ°45%）。该炉前工因病发症导致呼吸功能衰竭，终因抢救无效死亡。

7.4.2.2 事故原因

经分析，造成此次事故原因包括：

（1）《转炉炼钢厂氧气顶吹出转炉工艺技术操作规程》中第3.2.4条规定：“严格贯彻高温、快补、准确、严实的原则进行补炉，烧结时间不小于45min，确保补炉质量。”1号转炉从17：50加入补炉料，到18：30兑铁水开始冶炼，补炉料烧结时间只有35min，补炉料烧结时间未达到工艺技术操作规程的要求；并且补炉料在炉内未平铺，存在堆积现象，导致补炉料未烧结烧透，在出钢时补炉料翻起，翻起后补炉的含碳充填料与终点高氧化性的钢液发生剧烈反应，引起炉内发喷。补炉违反了工艺技术操作规程，是造成事故的主要原因。

（2）1号转炉出钢时，炉长摇炉，看到炉前工在炉口压渣作业没有提醒其避让，同时炉前工自身没有意识到转炉溅喷的危险性，站位不当。炉长及炉前工违反了《炼钢工段补、护炉及更换出钢口管理规定》中的安全注意事项：“倒炉停稳1min后，炉内无异常情况方可测温取样，严禁有人在炉口前面停留，出钢时炉口正面不准站人”；《炉长安全作业标准》规定：“倒炉时待炉体稳定，钢水平稳后方可指挥下步操作，特别是补炉后的第一炉钢倒炉时要提醒他人避让”的规定，是造成这次事故的次要原因。

（3）1号转炉炉后挡火门与挡板、平台之间间隙过大，不能有效阻止火焰及钢渣向外喷出，存在事故隐患，这是造成事故的不安全因素。

（4）转炉钢厂及炼钢工段虽然制定了有关补炉的管理规定和作业标准，进行了危险有害因素分析，制订了控制对策，但没有有效地组织职工学习，对违章行为检查考核不严。转炉炼钢厂在召开班组长安全座谈会时，曾提出换出钢口，补炉的时间短，保证不了质量的问题。转炉炼钢厂将此项问题作为事故隐患整改项目予以通报，并要求有关责任单位制定整改措施，但在整改期间没有采取防范措施，整改又不及时，以至于仍然由于补炉质量问题导致事故的发生。转炉炼钢厂及炼钢工段对职工执行工艺技术的安全规程的教育和考核不力，对事故隐患及安全问题的整改防范不到位，检查不细，考核不严，这是造成事故管理上的原因。

7.4.2.3 预防整改措施

预防整改措施包括：

（1）由转炉钢厂组织修订和完善有关补炉的管理规定和作业标准，组织职工学习。

（2）对造成事故的不安全因素，如1号转炉炉后挡火门与挡板、平台之间间隙过大，由设备室组织进行整改。

（3）转炉炼钢厂及炼钢工段加强对事故隐患及安全问题的整改防范工作，加强对职工的安全教育管理。

7.4.3 炉底发红、渗钢事故

7.4.3.1 事故经过

2007年某日，某转炉冶炼第4炉测量液面为炉底上涨700mm。当班炉长因转炉炉底过高，从第5炉开始进行洗炉底操作，一直连续进行了7炉洗炉操作。当冶炼当班第12炉钢，吹炼至10min时炉前工发现北边炉底发红，并开始渗钢，立即通知一助手停止吹炼，并通知相关人员到现场进行事故处理。

7.4.3.2 事故原因

经分析，造成此次事故原因包括：

（1）炉型控制不正常，炉底控制过高。洗炉时间过长，氧流量过大，导致炉底下沉较多，底吹砖保护层受损，这是导致事故的主要原因。

（2）炉长及车间相关管理人员思想上重视不够，没有细心观察炉况，及时掌握炉况的动态，是导致事故的重要原因。

（3）车间转炉护炉措施落实不到位，对职工教育不到位，监护力度不够是导致事故的次要原因。

7.4.3.3　预防措施

预防炉底发红、渗钢事故措施如下：

（1）严格执行转炉特护措施。炉长、工长从思想上要引起高度重视，要观察每炉炉况。

（2）制定转炉洗炉底作业指导书，并制定相关管理制度。

（3）加强对转炉的炉型控制，采取有效措施控制炉底上涨。

7.4.4　转炉出钢口上方漏钢事故

7.4.4.1　事故经过

2009年某日，转炉炉长发现出钢口根部钢板发红，出钢时发现渣子流出来，炉长立即组织下出钢口。在炉后喷补时，炉后喷补罐出料不畅，首先出料流不大，后卡死。由于时间紧张，对出钢口喷补不够严实。下完出钢口后第三炉钢出钢时，炉长发现溜渣板有钢水出来，立即抬炉，组织从炉前出钢。出完钢后，经检查出钢口上方处有地方掉砖。此次事故共影响时间80min，并造成部分钢水回炉。

7.4.4.2　事故原因

经分析，造成此次事故的原因包括：

（1）炉长关心炉况意识不够，在接班后没有认真观察炉况，炉衬上溅渣层很薄，侵蚀严重的情况下，没有安排喷补和投料等护炉措施，是导致事故发生的主要原因。

（2）喷补班在炉后喷补时，喷补罐出料不畅、卡料，导致渣线喷补不正常、维护不力是导致事故发生的次要原因。

（3）转炉炉壳本体变形严重，在砌筑过程中由于炉帽尺寸难以吻合，采用镁砂填充，出钢口开焊后填充物漏掉而导致有孔洞，是导致事故发生的间接原因。

7.4.4.3 预防措施

预防转炉出钢口上方漏钢事故措施包括：

（1）炉长必须认真执行作业制度，严格按照标准化作业，认真执行交接班制度，每炉必须察看炉况，转炉出钢温度必须按照规定执行，减少高温钢。

（2）各班必须严格执行护炉制度，按要求进行生产组织和护炉，利用间隙时间对该处进行喷补或投补，确保不亏料。

（3）炉役检修时进行炉壳更换。

（4）抓好职工培训工作。

7.4.5 转炉大面刺穿、放炮事故

7.4.5.1 事故经过

2011 年某日夜班，某厂转炉丁班使用 5 号转炉炼钢。5：20 左右，当班第 8 炉钢出钢结束，炉长根据炉底情况，安排洗炉底作业。5：20，二助手将终渣全部倒完后，此时渣罐已满，立即通知更换。5：25，渣罐未到位即开始洗炉底，洗炉底 100s 后（标准 90s 以内），发现渣罐还未更换到位。由于需要等渣罐，炉长决定先打炉口。5：27，炉长将炉子摇至炉前 104°，二助手将拆炉机开至炉前打炉口，大约 5min 后，一助手通过主控室监视器发现渣道有红渣和烟尘，同时听见有爆鸣声，便通知炉长。炉长怀疑为前大面刺穿，指挥一助手将转炉

摇起至炉后20°，观察发现炉体及炉前托圈刺穿，大量冷却水喷出，炉前人员通知倒班作业长、炼钢调度值班主任。5：40，倒班作业长、炼钢调度值班主任赶到现场。5：46左右，炼钢调度值班主任要求继续向后摇炉，观察前大面刺穿情况，主控室一助手未听到炉长指令，拒绝执行摇炉操作。5：49，炉长通过对讲机发出指令，要求一助手使用1档慢速摇炉，同时炉长、炼钢调度值班主任两人一同赶往炉后，倒班作业长从北边随后赶往，丁班倒班点检员赶往本体水阀处，准备将本体水关闭。5：50，一助手听从炉长指令执行摇炉操作，当摇至炉后31°时，进入炉内的冷却水遇高温急速汽化，体积急剧膨胀，巨大的势能瞬间释放，造成转炉放炮，使得炉后二次吸风口、炉后挡火门等设备垮塌。此时在炉后观察炉况的炼钢调度值班主任、炉长被压伤，倒班作业长、点检员被烫伤。炼钢调度值班主任、炉长后经医院抢救无效身亡。

事故发生后，岗位人员迅速组织现场抢救，同时拨打医疗救护电话、报告调度，立即启动应急预案，公司相关单位及时救援，使事故得到有效控制，未造成进一步扩大。

7.4.5.2 事故原因

经分析，造成此次事故的原因包括：

（1）转炉丁班车间在洗炉前未将空渣罐准备好，洗炉时枪位偏高，洗炉时间偏长，洗完炉后，在未及时将洗炉渣倒入渣罐的情况下，安排清理炉口渣，导致高温、氧化性极强的钢渣长时间铺在炉子前大面，致使转炉前大面耐火材料侵蚀，炉壳刺穿之后，钢渣又将炉前托圈刺穿导致漏水（托圈冷却水流量170m^3/h，压力0.5MPa）流入炉内。

（2）炼钢调度值班主任、炉长发现炉内进水后，应急处置不当，在未确认漏入炉内的积水烘干后，冒险指挥摇炉，导致了事故的发生。

7.4.5.3 预防整改措施

预防转炉大面刺穿、放炮事故的整改措施包括：

（1）强化安全教育培训，提高员工安全意识和技能，杜绝“三违”，特别是领导的违章指挥。由安全管理部牵头，建立拒绝违章指挥的举报与激励机制，完善安全生产教育培训制度，明确安全生产事故原因分析讨论，传达学习、吸取事故教训应采取的具体措施要求。由人力资源部牵头制定完善员工岗位技能达标要求，明确作业制度标准的学习和掌握要求，并组织和督促落实到位。

（2）完善作业制度。完善《转炉一助手岗位作业制度》、《转炉二助手岗位作业制度》、《渣罐工岗位作业制度》等制度，明确转炉进水异常情况判别标准和应急处置要求；明确要求洗炉作业的工艺组织要求，如洗炉前必须确认渣罐到位，无渣罐禁止进行洗炉操作、洗炉作业必须由总炉长现场组织指挥。同时，相关单位也要全面检审并完善岗位相关工艺操作标准和安全要求，组织对工艺操作生产管理制度和执行情况进行排查，对发现的问题立即组织整改。

（3）强化事故应急预案的演练。制定完善本单位应急预案并加强演练，组织并督促对本单位员工的应急知识培训（包括应急报告的流程和信息内容要求等知识）。

（4）设备设施改进。设备管理部牵头改进转炉炉内检测手段，并对照改进相关设备设施。

（5）完善转炉护炉操作工艺制度。炼钢首席工程师牵头完善转炉护炉操作工艺、组织规范等相关制度。

（6）危险源重新辨识。安全管理部牵头组织对转炉漏钢、进水的危险源进行重新辨识（包括炼钢洗炉作业风险）、评价、制定完善控制措施。

7.4.6 钢水包倾覆特别重大事故

7.4.6.1 事故经过

2007 年4 月18 日7：53，某公司发生一起钢水包倾覆特大事故，造成32 人死亡，6 人重伤，直接经济损失866.2 万元。

事故所在的炼钢车间下设甲、乙、丙3 个工段和独立的机械、电气检修班组，3 个工段实行三班两倒，每个工段连续工作12h。4 月18 日事故发生时，丙工段当班，甲工段准备接班。事故发生在该公司炼钢车间冶炼跨（B ~ C 跨），倾覆的钢水包位于铸锭坑北面，VD 真空炉东南侧，第12 柱与第13 柱之间。钢水包包口朝向西偏北方向，包口中心线距厂房B 列柱中心线8.2m，包底中心线距厂房B 列柱中心线7.5m。钢水包内钢水倒出，仅余少量钢渣。钢水包包底钢结构有明显被撞击的扇形痕迹，包壁南侧靠近包底部位有一V 形撞痕。龙门钩倾倒在钢水包上方。

钢水包倾覆后，流出的钢水一部分向西流至废钢进料线附近（第8 柱与第9 柱之间），最远处距钢水包包口23.7m；一部分向北最远流至C 列柱；还有一部分流入VD 真空炉平台下的工具间内。工具间的尺寸约为5.4m×5.8m，东面有双扇门和一扇窗户，北面有一扇窗户并被窗外的铁柜挡住。钢制门南侧一扇仍在，北侧一扇向屋内倒入钢水中，门的中心距离钢水包包口的中心6.0m。在钢水包东南侧约4.0m 处，浇注台车的4 个双轮缘车轮全部脱轨，台车偏向东南方向，台车东端偏离轨道中心线约1.2m。台车西框架梁北端西北角上表面有明显的扇形撞痕，最深处达28mm，腹板出现凸起变形。固定于西框架梁上的小车轨道北端有1.0m 长的轨道断裂，掉入铸锭坑。位于台车西北角的台车行走电动机外壳及端盖破裂脱落，传动轴西侧向下弯曲。吊运钢水包的起重机停在冶炼跨第12 柱与第13 柱之间，其主钩与龙门钩脱开，平躺在钢水包的北侧、距包底约

1.0m 的地面上，距定滑轮组中心水平距离约 4.0m。事故伤亡人员中，有 31 位死者在工具间内，另 1 位死者在 VD 真空炉西侧运料车附近，6 位伤者分别位于工具间外东北角和西北角。

7.4.6.2 事故原因

经分析，造成此次事故的原因包括：

(1) 电气控制系统故障及设计缺陷导致钢水包失控下坠。起重机电气控制系统在运行过程中，由于下降接触器控制回路的一个连锁常闭辅助触点锈蚀断开，上升、下降接触器均失电，电动机电源被切断，失去电磁转矩，而制动器接触器仍在闭合状态，制动器不抱闸。

起升控制屏的线路存在制动器接触器线圈有自保回路的重大缺陷，当上升接触器或者下降接触器接通后，制动器接触器闭合并自保，不再受上述两接触器的控制，制动器仍维持打开状态，不能自动抱闸，钢水包在自身重力作用下，以失控状态快速下坠。

(2) 制动器制动力矩不足未能有效阻止钢水包下坠。两台制动器的制动衬垫磨损严重，制动轮表面均有不同程度的磨损，并有明显沟痕，事故单位未对其进行及时更换和调整，致使制动力矩严重不足，未能有效阻止钢水包继续失控下坠。

(3) 班前会地点选择错误导致重大人员伤亡。据调查，班前会地点原本是由立柱和 VD 真空炉平台构成的开放空间，2006 年 11 月在各立柱间砌起砖墙，形成房间，用做临时堆放杂物的工具间。该工具间离铸锭坑仅 7.0m，长期处于高温钢水危险范围之内，没有供人员紧急撤离的通道和出口，北面窗户又被墙外的多个铁柜挡住。2007 年春节后，各工段逐渐将此工具间作为班前会地点。钢水包倾覆后，人员无法及时撤离，导致重大人员伤亡事故。

7.4.6.3 预防整改措施

预防钢水包倾覆事故的整改措施包括：

（1）要进一步规范特种设备的设计、制造、安装、使用和检测检验工作，确保特种设备安全可靠运行。

（2）冶金企业要重点加强对起重机等关键设备、设施的日常维护与保养，健全维护保养制度，完善维护保养记录，防止设备、设施带病运行。

（3）冶金企业要针对冶金生产工艺链长，高温高压、有毒有害因素多的特点，认真开展危险辨识工作，对重大危险源进行登记建档、加强监控。

（4）冶金企业新建、改建和扩建工程项目要符合国家相关产业政策，建设项目要委托有资质的设计单位进行正规设计，切实把好工艺设计和设备选型关，提高企业本质安全程度。

（5）冶金企业要建立健全安全生产责任制和安全管理制度，加强安全管理机构建设和人员培训，加强作业现场的安全管理。

参 考 文 献

[1] 冯捷，张红文．转炉炼钢生产[M]．北京：冶金工业出版社，2006.

[2] 王雅贞，李承祚，等．转炉炼钢问答[M]．北京：冶金工业出版社，2003.

[3] 干勇．炼钢—连铸新技术 800 问[M]．北京：冶金工业出版社，2003.

[4] 王社斌，宋秀安，等．转炉炼钢生产技术[M]．北京：化学工业出版社，2008.

[5] 黄希祜．钢铁冶金原理[M]．北京：冶金工业出版社，2002.

[6] 奥特斯 F. 钢冶金学[M]．倪瑞明，张圣弼，项长祥，译．北京：冶金工业出版社，1997.

[7] 苏天森，刘浏，等．转炉溅渣护炉技术[M]．北京：冶金工业出版社，2002.

[8] 转炉炼钢生产实训[M]．北京：化学工业出版社，2011.

[9] 高泽平．炼钢工艺学[M]．北京：冶金工业出版社，2006.

冶金工业出版社部分图书推荐